聪明人 在用的 大脑 使用书

黄琼珍◎著

U0747690

中国纺织出版社有限公司

内 容 提 要

大脑是生命的核心，掌管着我们的运动与思考，决定着我们的最终行动。大脑功能与学习、情绪管理、社会交往能力息息相关，大脑是否高效运转，影响着我们生活的方方面面。也许你也曾为自己的记忆力感到失望，或是为自己的"社恐"而自卑，但这都不能说明你无法成为一个"聪明"人。其实，每个人的大脑结构相差无几，只是能正确使用大脑的人，能更充分开发自己的潜能，获得更多人生可能性。而如何正确使用大脑，正是脑科学家们孜孜不倦地工作，想要解答的问题。

本书结合脑科学研究成果，从生活中的各种小困惑切入，告诉读者大脑是如何工作的，并依据研究结果给出大脑使用建议，帮助读者在日常生活中更合理地使用大脑，保持大脑高效率工作。

图书在版编目（CIP）数据

聪明人在用的大脑使用书 / 黄琼珍著. -- 北京：中国纺织出版社有限公司，2025.9. -- ISBN 978-7-5229-2701-5

Ⅰ. Q954.5-49

中国国家版本馆CIP数据核字第202540A239号

责任编辑：郝珊珊　柳华君　　　　　责任校对：寇晨晨
责任印制：储志伟

中国纺织出版社有限公司出版发行
地址：北京市朝阳区百子湾东里A407号楼　邮政编码：100124
销售电话：010—67004422　传真：010—87155801
http://www.c-textilep.com
中国纺织出版社天猫旗舰店
官方微博 http://weibo.com/2119887771
天津千鹤文化传播有限公司印刷　各地新华书店经销
2025年9月第1版第1次印刷
开本：880×1230　1/32　印张：7.5
字数：118千字　定价：49.80元

凡购本书，如有缺页、倒页、脱页，由本社图书营销中心调换

▶▶ 推荐语 ◀◀

这本书将深奥的脑科学知识巧妙地融入日常场景，在兼顾趣味与实用的同时又介绍了非常硬核的脑科学知识，是一本难得的脑科学科普佳作。

——杨天明

中科院脑智卓越中心研究员，抉择研究专家

作为神经医学领域的"圈内人"，我深知脑科学知识对提升认知能力、优化生活状态的重要性。本书以严谨的神经科学为基础，结合作者亲身实践的科研经历，将复杂的脑机制转化为可操作的日常策略。这部作品既是对大脑潜能的科学探索，也是一本充满人文关怀的自我提升指南，尤其适合渴望突破认知瓶颈、实现高效能生活的现代读者。

——郭洪波

南方医科大学珠江医院院长，《中华神经医学杂志》主编，广东省脑功能修复与再生重点实验室负责人书中收录的是每个读者的困惑与冲动。作者用极具烟火气的笔触，把对应的脑科学"高冷"概念拆解成日常碎片，每个读者都能从中找到自己需要的答案。放下书，你会迫不及待去验证，原来科学的终点，正是改变生活的起点。

——范存源

天桥脑科学研究院旗下科学媒体

"追问 nextquestion 公众号"执行主编

PREFACE

▶▶ 前 言

　　我发现很多人到了一个新环境后，都会被问到一个问题："你经历的第一个文化冲击❶是什么？"我也被问到过。

　　我想说说我现在正经历着的一个"学术文化冲击"，那就是"倒退一步"。我理想中的科研学习过程（特指我从读硕士到读博士的这个过程），应该是缓慢前进，再不济也应该是"曲折式"前进的。我没想过我从硕士迈到博士学习阶段要经历的第一个改变，竟然是"回炉重造"。

　　这真的很让人气馁，在过去二十几年的学习过程中，我每天都为自己学到了新东西而感到兴奋。我一路拾着前人收割剩下的知识麦穗，敲开了博士学习的大门，我自豪地抱着一大捆捡来的麦穗向我的老师和

❶ 文化冲击（culture shock）指进入陌生环境时，因价值观、习惯或认知差异引发的困惑与不适。

同学们炫耀："看！我是有备而来的，我一定能在这里大展身手。"

我以为积累知识很简单，不就是站在巨人的肩膀上，把他们挖掘出来的知识、发明出来的工具、建设好的体系，应用到我们要研究的新课题上吗？但是真正面对具体问题的时候，我发现这种态度是不可行的，我的知识储备远远不够，书到用时方恨少！

我的习惯是遇到什么问题就解决什么问题，我主张"学习的过程就是遇到问题解决问题的过程"，反正干着干着就学会了。但事实证明这种方式不太高效，也容易让我错失很多与旁人进行智识碰撞的机会。

我来到博士课题组的第二天，就从师姐那里"继承"了课题组"祖传"的神经科学教科书，她说整个实验室能把这本书仔细读完的人不超过三个，大家都是遇到实际问题了才去翻开这本书的对应章节来复习一下基本原理，所以我并没想过要逼自己回去看教科书。

我第一次翻开那本教科书，是因为我太迷茫了。当时，我的脑子里像没有信号的电视画面一样，布满了雪花噪点，很吵很乱。偶尔会有一些天马行空的想法冒出来，但是脑子里没有理论知识作为支撑，乍一听我的各种想法好像还可以，但是要具体说说怎么开始实施，遇到问题该怎么解决，我很少能回答上来。我感觉自己学到的都是很"表面"的知识。

我决心系统地把这些内容重新学一遍，但我低估了教科书语言的复杂程度，教科书是真的"不说人话"！所以在一开始读那本全英文教科书的时候，我的大脑既要进行中英文的切换，还要试图把以前对这些知识的记忆调取出来，或补充或纠正。更让我"痛苦"的是，我以前学习这些知识的时候，都是为了应付考试，因此使用了许多技巧和"口诀"来记忆知识点，这导致我现在看到一样的知识点，会感觉到陌生，因为很多中文记忆口诀换成英文后，"乱码了"。

这种感觉就好比，我以往的做菜方式都是直接从超市购买预制菜，然后拿回家拆开包装放进烤箱或微波炉，一道菜就烹饪好了。于是，我一直以为自己是做菜小能手。

结果有一天，我需要从头开始做一道菜。我到了菜市场，准备一样一样地购买菜单上的食材。我这才意识到，原来做一道菜需要下很多功夫，我需要买这道菜的主食材、配菜、调味料，还要根据食材的特征来选择适合它的烹饪方式。做菜并不是把预制菜放进烤箱加热这么简单。

我读博士的过程，就是"倒退一步"，抛弃了"预制菜"，决心把做一道菜拆分成很多小步骤，从亲自去菜市场买菜到最后把这道菜端上餐桌的过程。

"预制的知识"虽然方便快速，但很难被大脑系统地获取和迅速地调用，于是我咬牙开启了"一年内啃完那本神经科学基础教科书"的计划。为了督促自己坚持下去，我同时会把每个章节的学习笔记分享到自己的社交媒体上，并把自己想象成一个在平台分享美食烹饪过程的博主。

我觉得我是幸运的，我用了不错的学习方法，还开了个好头。我分享的学习笔记不仅锻炼了我大脑的获取、整理，以及输出知识的能力，还在某种程度上"量化"了我的学习成果。一些读者的留言和评价也给我带来了许多正向的反馈，我开始更加严格地要求自己，立志要输出客观全面的东西。当然，我不能保证我写的内容是绝对正确的，但我会一直怀着对科学的敬畏之心，坚持普及科学知识。

一次偶然的情况下，我收到了珊珊给我的私信，她问我是否有兴趣写一本关于脑科学的科普书，我兴奋又惶恐。我想，这是一件多么酷的事情啊！

我们达成了共识，于是我开始构思这本书的内容和框架。那段时间我陷入了新的纠结情绪中，我很想把这本书写得既直白又有趣，但是我有这个能力吗？

我的写作水平并不好，我本身也不是学界内说话有分量的大人物，我的优势在哪儿呢？

我还真没有优势，但是我想我有义务去做这件事情。

我上医学院大五的时候，是必须要到临床去轮转见习的，我被分配到的第一个见习科室是神经外科，科室安排我去了脑血管组。脑血管组接收到的患者中，有很多是因为有脑动脉瘤而入院准备接受手术治疗的。每天早上科主任会带着所有的医生和见习生去查房，向每一个患者或者他们的家属解释病情。患者及家属的文化水平和理解力高低不等。有些患者受教育水平很高，来医院之前就已经对自己的疾病和身体状况了解得很清楚了，与这样的患者交流会很顺畅，他们也很愿意接受医生的治疗建议，并且积极配合治疗。但是这样的情况只占极少数，我们遇见的大多数都是还没开始治疗就已经被"动脉瘤"这个病名吓得不知所措的普通人。很多人"闻瘤色变"，以为所有带"瘤"字的病都是癌症，都是不治之症，他们往往心情沮丧，治疗不积极，很多人甚至因此耽误了治疗时机。

医生和患者之间，科学工作者与非科学工作者之间，真的存在"信息差"。我知道"信息差"在各行各业都普遍存在，但我认为这不是什么难以跨越的鸿沟。

普及和传播知识应该是行业人士的工作内容之一，因为知识需要最终造福于人类。这个世界总是需要一些人为知识的"跨界传播"付出一些努力，我也许不够格，但是我要试一试。

我们决定把这本书命名为"聪明人在用的大脑使用书"。既然是"聪明人"的大脑使用说明书，那咱们就先来说说神经科学领域是如何定义"聪明"的。

我们每个人在成长的阶段中，都有那么几个时刻曾被别人夸奖："你真聪明！"

我们还在婴儿时期的时候，第一次学会翻身，第一次开口叫"爸爸""妈妈"，第一次带奖状回家……爸爸妈妈都会毫不吝惜地说："呀！宝宝你真棒！真聪明！"

但是，"被人夸奖聪明"到底意味着什么呢？是父母天生便对自家孩子有"聪明"滤镜，还是你真的比身边的人智商更高呢？

我们去查阅字典和文献，发现人们会根据不同角度和场合，给"聪明"做出不同解释：

"聪明，就像美貌一样，各花入各眼。"

"聪明并非指能在所有事情上都拔得头筹，而是专精于某个领域。"

"聪明有时候也会指代一个人一直对新鲜事物充满好奇心和探索欲望。"

"聪明人总有能力找到事物之间的规律，并且想出解决办法。"

"聪明人做事专注，能集中精神，且善于沟通。"

……

你发现没有？一个人聪明与否，很大概率跟基因无关，学术界对"聪明"并没有明确的定义，而且，还没有足够有信服力的测量方法能全面评价一个人是否"聪明"。

所以，一个正常人想要把自己变聪明，是绝对有办法的。

目前，世界上许多顶尖的脑科学研究所都在研究大脑发育的机制，寻求提高大脑运作效率的办法。这本书将会从如何提高大脑的学习能力、记忆力，以及社交能力等几个维度出发，结合脑科学的最新研究进展，解释大脑智力开发的工作机制，并且给出训练大脑智商切实可行的建议。

那么，就让我们打开这本聪明人的大脑使用说明书，和书中的主角莉亚一起走进精彩纷呈的脑科学研究中吧！

CONTENTS
▶▶ 目 录

第1章 了不起的大脑

1.1 "记忆宫殿"的神经基础 ——网格细胞 003

1.2 脑海里的"魔镜"——镜像神经元 010

1.3 内部时钟——时间细胞 015

1.4 习惯成自然——神经通路 021

1.5 情绪有什么价值——神经科学的视角 027

1.6 不要考验人性——有限的意志力 034

1.7 风险与收益——脑内的奖赏机制 039

1.8 心理暗示为什么有效——"唯心主义"的大脑 044

第2章 大脑的生老病死

2.1 大脑之"死"——脑细胞的更新与凋亡 053

2.2 赢在"起跑线"——大脑的发育关键期 058

2.3 青春期"风暴"——突触修剪 063

2.4 大脑的老年期——延缓大脑衰老　　068

第
3
章
让大脑保持活力

3.1 食物与大脑——真能"吃啥补啥"吗　077

3.2 睡眠与大脑——影响比你想象中大　083

3.3 运动与大脑——运动能给大脑提供
"力量"　　　　　　　　　　　　089

3.4 压力与疼痛——小心处理莫忽视　094

3.5 定期"大扫除"——冥想的作用　100

3.6 寻找刺激——警惕动力耗竭　　105

第
4
章
塑造学习型大脑

4.1 如何开发大脑　　　　　　　　113

4.2 智商藏在哪个脑区　　　　　　118

4.3 如何提升大脑做决策的能力　　124

4.4 如何构建大脑的认知地图　　　130

4.5 人机还是人脑——大脑如何编程　137

4.6 深度工作——提升专注力比增加工作量
更重要　　　　　　　　　　　143

4.7　构建记忆——做大脑"建筑师"　　148

4.8　演讲脑科学——如何吸引观众的注意力 154

第
5
章

掌控社交的脑科学密码

5.1　如何培养社交脑　　　　　　　　161

5.2　大脑的"同辈压力"　　　　　　　167

5.3　不是不礼貌，我只是"脸盲"　　　173

5.4　"八卦"也会变成强迫症　　　　　178

5.5　"暴力"成瘾的神经机制　　　　　183

5.6　"人格"真的存在吗　　　　　　　189

5.7　"相信"的巨大力量　　　　　　　194

第
6
章

"恋爱脑"长什么样

6.1　大脑的"性别优势"　　　　　　　201

6.2　恋爱脑科学——迷人的危险　　　206

6.3　爱情是脑内的共鸣　　　　　　　212

后　记　　　　　　　　　　　　　　　219

第 **1** 章

了不起的
大脑

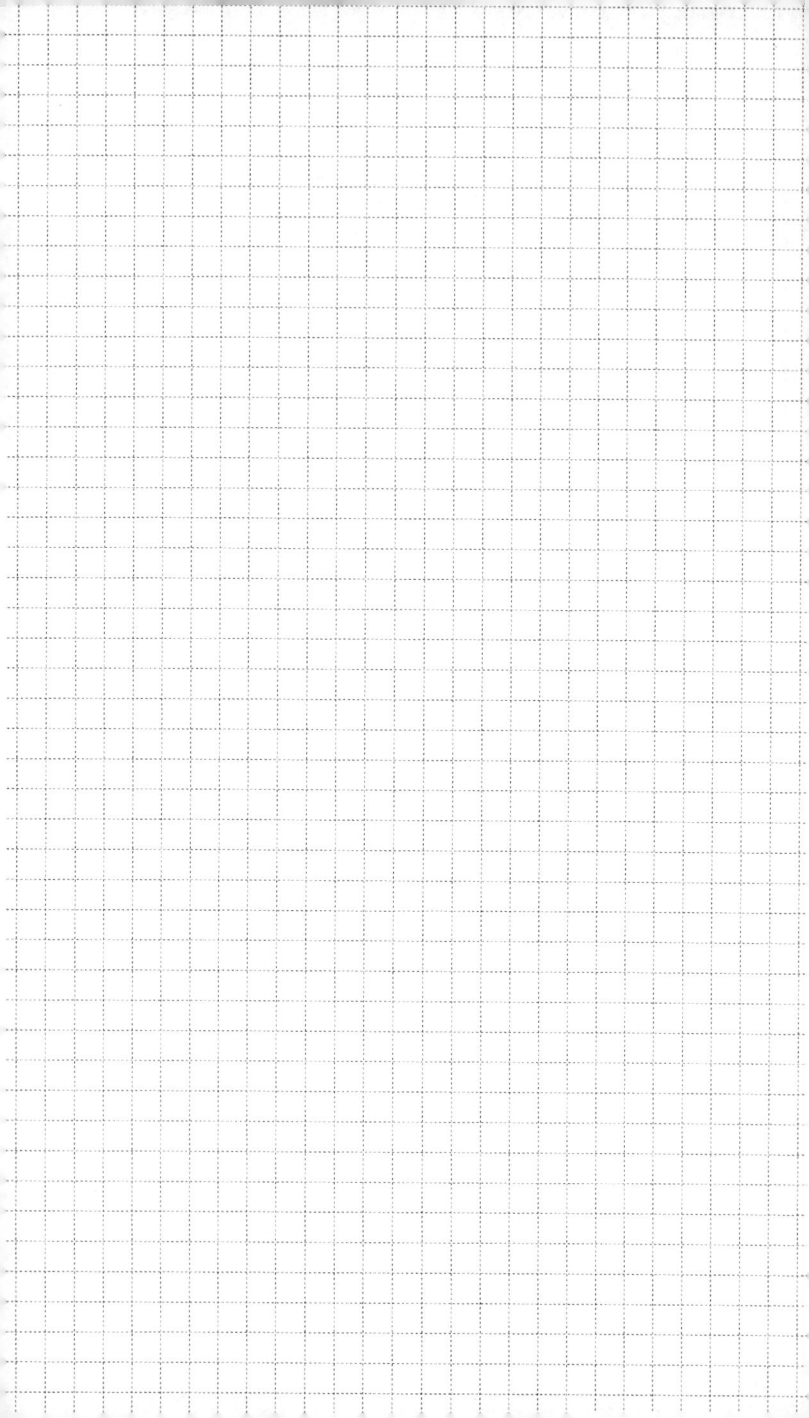

1.1

"记忆宫殿"的神经基础
——网格细胞

大脑长什么样子?

莉亚想起她上医学院的第一节解剖课时,第一次看到泡在福尔马林中的人的大脑。当时她想:"真像一颗核桃仁啊,怪不得老人家总说多吃核桃能补脑,外观太像了。"

我们的颅骨就像坚硬的核桃壳。剥开核桃壳,映入眼帘的是被一层外膜包裹着的核桃仁,很巧,我们的大脑也被脑膜包裹着。完整的核桃仁由左右两瓣组成,核桃仁表面坑坑洼洼,向内凹陷,形成沟沟回回,而我们的大脑也分为左右半脑,由一个叫作"胼胝体"结构搭建的"桥梁"连接,脑表面也跟核桃仁一样向内凹陷,形成各种脑沟、脑回。

大脑的空间结构设计得很巧妙,它解决了"如何让狭窄的头颅尽可能容纳更多脑表面积?"的问题。

现在请你把以上的医学解剖知识抛之脑后,诚实地回答我一个问题:"当我在叙述核桃跟大脑的结构时，你脑海中是否跟我一样，也在想象着核桃壳、核桃仁外膜、核桃仁崎岖不平的表面三者之间的层次结构画面？"

我们的大脑正在发挥奇妙无穷的空间思维想象能力呢！

莉亚最开始高频接触"空间思维"这个词语，是在她进入高中开始学习几何的时候，也是她开始被"诅咒"说"女孩的数学成绩一到了高中就会被男孩超越，因为女孩的空间思维和逻辑思维能力没有男孩强"的时候。

莉亚对此恨得牙痒痒，她现在很想穿越回去告诉班上的女生：大脑之所以能产生空间思维，主要是大脑中的一群能感知空间位置的脑细胞在发挥作用，每一个有脑子的人都有这类型的脑细胞，男女平等，大家都能学好几何！

这种具有空间感知功能的细胞，最初被神经科学家发现存在于海马体中。海马体是有名的大脑记忆存储区域，它可以将记忆事件按照场景顺序来储存和调取。所以位置细胞跟时间细胞可能是部分重合的，因为有些记忆场景除了有时间上的顺序，还携带着空间位置信息。

早期的神经科学实验发现，当动物接收到外

界"地标"信号、位置发生移动，以及方向发生改变时，它们海马体皮层内的位置细胞就会发生兴奋性改变。因此神经科学家们认为，海马体具有空间整合能力，且其中的位置细胞是发挥空间感知的主力军。但是，科学家们一直找不到海马体位置细胞整合场景相关位置信息的直接证据，他们开始怀疑，在海马体之上，应该还有一个集位置方向整合及空间定位于一体的"领导层"，海马体可能只是其下层的一个"小喽啰"而已。

2014 年，挪威脑科学家爱德华·莫泽（Edvard Moser）和他的团队在《自然》上发表文章，阐述了大脑内嗅皮层的空间地图的微型构造，并首次向世界宣布，他们发现了一群可以感知空间关系的神经元。这群脑细胞被赋予了一个很酷炫的名字——**网格细胞**。莫泽的团队也因为这项成果，获得了 2014 年的诺贝尔生理学或医学奖。

看来，海马体的"领导"是内嗅皮层，网格细胞是领导层中的骨干精英，让我们一起来看看网格细胞有什么能耐吧！

莫泽及其团队向大鼠的内嗅皮层植入了一根神经元"探测器"，再把大鼠放进一个直径 2 米的圆形场地内，让其自由活动，同时记录大鼠大脑神经元的电信号活动。然后他们发现了一个很神奇的现象，每当大鼠经过一些特定的位点时，一些特殊的神经元活动就会明显增强。于是，他们将上千次实验的结果压缩成了一张"神经元放电地图"，将大脑神经元活性增强的具体位置用高亮颜色标注出来，最后呈现出一张在圆形区域内散布着许多神经元高活性位点的图谱。

更神奇的是，他们发现这张图上面的每一个高亮度的点，都能跟其附近的任意一个位点形成一个类似等边三角形的结构，所有的位点最后能被连起来形成一张"网"，所以他们把这种可以提示空间位置的特殊神经元命名为"网格神经元"（或"网格细胞"）。他们后来又把动物放到了不同大小的圆形或者长方形的空间中去做同样的实验，这些实验的结果都能被压缩成一张"网状的大脑神经元地图"。

看来，无论世界怎样变换，我们脑海中的网格细胞都会把它折叠成一张由等边三角形拼接而成的网状地图。三角形可以无限放大或缩小，我们无论是蜗居在 10 平方米的小房间，还是身处广阔天地，我们的位置始终不变，总在这张网中的某个坐标上，只是这张网的比例尺不同而已。

网格细胞的发现，让我们对以往很多记忆的方法有了新的理解，比如著名的"记忆宫殿"，这种记忆法

参考资料：HAFTING T，FYHN M，MOLDEN S，et
al. Microstructure of a spatial map in the entorhinal cortex[J].
Nature，2005，436（7052）：801-806. DOI：10.1038/
nature03721.

旨在引导人们在自己的脑海中建立一座"宫殿"，好让
我们把零散的信息一个一个地放进"宫殿"内的不同
房间里。

　　一座宫殿，宫殿里面的不同房间，房间内部的摆
设、方位，都是我们所说的空间信息，也就是说，在
利用记忆宫殿记忆时，我们其实是在调动空间感知能
力帮助大脑记忆！

　　医学领域也涌现出越来越多的研究，致力于探究
位置细胞和网格细胞在一些大脑记忆障碍患者身上的
变化，如果我们有一天找到了一种药物可以提高位置
细胞和网格细胞的敏感度，那么人类战胜"路痴症"

（严格说来没有这个病），就有希望了。

不过，在神奇记忆药水发明出来之前，我们也有办法训练自己的空间思维，并在这个基础上提升大脑的记忆力：多用具体的方位词来指代地点。例如，当别人问你"你的铅笔在哪里？可以借用一下吗？"，不要直接说"好的，就在那里"，而是回答"就在我桌面的右上角"。少说"这里""那里"，尽量把地点和方位说详细。

还可以通过搭乐高、下棋、走迷宫，甚至剪纸游戏来训练空间思维和想象立体结构的能力。乐高游戏可以让我们自由搭建脑海中的模型，下棋需要我们在脑海中先想好下面几步棋的走势并预先判断棋势变化，迷宫游戏要求大脑中有极强的方位感，剪纸游戏也很考验空间思维，因为我们要预估一张纸在折叠状态下被剪几刀后，展开来会是什么图案。

说到剪纸游戏，我想到一个很有趣的实验。2008年，科学家丽贝卡·赖特（Rebecca Wright）与她的团队在哈佛大学里招募了 38 名年轻人（其中超过一半是女性），进行了一场空间想象实验，这个实验有两个具体任务，一是旋转想象测试任务，二是折纸想象测试任务。志愿者必须在脑海中想象一个物体被旋转了不同角度之后会是什么样子，以及想象一张叠起来的纸被用不同方法剪切后展开会是什么图案。

结果很有趣，他们发现在实验刚开始的时候，男生更擅长空间旋转任务，而女生则更擅长折纸任务，但是，在接受了空间能力训练之后，男女之间的空间感知任务分数慢慢接近。这说明，男性和女性的空间感知能力都是可以通过训练得到提高的，最终男性和女性的表现势均力敌！

1.2 脑海里的"魔镜"
——镜像神经元

莉亚在报考医学院时，受到过很多亲朋好友的劝阻，他们说："女孩学医的周期又长，工作又辛苦，精力和体力都比不上男孩，何必去讨这种苦头吃？"

莉亚还是坚持读了临床医学，她觉得时间、精力和体力都不足以成为阻拦她实现"医生梦"的理由。但是，毕业后一进入医院实习，她马上感受到了巨大的压力，只是她万万没有想到，自己在医学理论知识和手术操作上过关斩将，却在面对患者时溃不成军。

莉亚"败"在了：总是很容易对患者的痛苦共情。当然，她的体贴细致会让患者感到暖心，可是她自己却总是深陷其中，甚至这种"对患者的共情"深深影响了她作为医生的专业判断。

我想很多人肯定又要搬出"男女有别论"这一套来说了，但是，在调节大脑的共情能力方面，还有一个很强大的"选手"，就是**镜像神经元**。

镜像神经元的发现，始于 20 世纪 90 年代意大利神经科学家贾科莫·里佐拉蒂（Giacomo Rizzolatti）及其团队在猴子身上进行的研究，当时研究人员很好奇猴子在执行不同的手部动作时，它们的大脑运动皮层神经元会发生什么变化。

于是，研究人员设计了一个实验，通过向猴子大脑的前运动皮层植入电极，来记录猴子在做普通的物体抓握动作（拿取物体），以及做情绪化动作（撕扯物体）时的神经元放电活动，以此研究大脑前运动皮层神经元在不同行为情境下的放电情况。

但是，在记录猴子大脑活动的过程中，研究人员发现了一些有趣的现象，那就是：猴子的前运动皮层神经元不仅会在执行特定动作的时候放电，还会在"中场休息"阶段看到研究人员布置实验工具时放电。

似乎，猴子观察到的特定动作，引起了它们脑海中的"共鸣"，甚至猴子还能从研究人员的动作行为中预估到接下来可能产生的动作、背后的动机，或者是隐藏的情绪（当然这与它们过去的经验有关）。

研究人员觉得这个现象很有趣，于是他们抓住机会深入研究，最终发现：猴子在执行某种特定动作时，看到别人在做特定动作时，看到别人在做与这种特定动作有逻辑或情感上相关性的动作时，它们大脑前运动皮层的一群神经元都会被激活，且神经元的活动模式类似。

他们最后将这群神经元命名为"镜像神经元"。

从那之后，镜像神经元成为神经科学界和精神科学界的研究热点。大家发现，原来生活中的很多现象都能用镜像神经元来解释。比如，我们看到有人打呵欠，自己也会不由自主地跟着打呵欠；我们看到电影里的坏人挥舞着拳头过来的时候，身体也会控制不住打哆嗦；夫妻共同生活一段时间后，他们的动作和神情，甚至是处事方式也会慢慢趋于一致……还有像莉亚这样的，看到身边的人正遭遇不幸时，她也会对对方的悲伤情绪感同身受。因此，也有人把镜像神经元叫成"**同理心神经元**"。

从积极的角度来看，一个大脑的镜像神经元系统运行良好的人，首先，他的运动学习和模仿能力就肯定不会差；其次，他的社交能力也超强，总是能预知对方的行为动机和需求，因此就能拿出符合对方胃口的方案；甚至他的共情力也很出色，只要领导开关门的姿势和力度有所不同，他就能嗅到对方身上散发出的火药味，提前躲避炮火攻击。

可是也有不好的一面，那就是镜像神经元一旦看到别人身上的一些不愉快事件，就会一直记在脑子里，直到在未来的某一个瞬间，将这股力量投射到自己身上。所以我们经常看到一些在家庭暴力的阴影中成长的孩子，即使一直痛恨家暴、不想成为父亲或母亲那样的人，也会在几十年后自己当上了家长时，不自觉地做出暴力行为。我想，这就是所谓的"童年那把枪射出的子弹正中眉心"吧。

所以，我们该认真思考如何驾驭大脑中这面"魔镜"的力量。

首先，我们就算没有机会"吃猪肉"，也要多看看"猪是怎么跑的"。要相信"镜子"的力量。也许你正在学习一项操作技能，或者正在学习跳舞，在现实条件不允许你进行实际操作的时候，通过观看别人的操作视频或别人的舞蹈，大脑的镜像神经元也能慢慢"学习"和"模仿"。

当然，如果你事先已经对这套动作很熟悉了，也实践过了，那么你的镜像神经元会反应得比其他人的更加强烈，学习效果会更好。

其次，如果你正活在他人经历的"阴影"下，那么你需要明晰他人与自我的边界。就像莉亚，她每天都面对绝望的患者，也许今天他们都还好好的，第二天床铺就空了，这难免使她感到沮丧和害怕，甚至令她恐惧自己也会被不可预估的意外夺走生命。一定要不断提醒自己，那是发生在他人身上的事情，都是镜像神经元在试图"混淆视听"，不要用别人的经历来定义我们自己的人生。

多跟正能量的人在一起，让他们的笑容和快乐感染我们；多参加团体活动，这样我们的"镜子"就可以把更多的行为和情境"记录"下来，以丰富我们的大脑经验库；多留心自己或者别人的行为背后的动机和情绪状态，这样也许未来哪天我们看到类似的行为时，会更快地意识到其背后的情感需求。

1.3 内部时钟
——时间细胞

在钟表还没有被发明出来时，人类是如何感知时间的？

莉亚说："我知道！古人都是看太阳光线的变化来判断一天中的时间的。他们日出而作，日落而息。"

那么，如果我们把人关在看不到太阳的黑屋子里呢？他们还能保持正常作息吗？

有一个研究人体"生物钟"的科学实验，解答了上述问题。

这项实验长达 30 天，主要分为三个阶段：

第 1~5 天：把志愿者安排在有光照、可以看电视和听收音机的房间中，这样他们就能通过外界信息判断时间变化，研究人员会记录这群人每天的作息时间。

第 6~25 天：将窗户锁上，电视和收音机都撤掉，志愿者开始进入"没有时间线索"的生活状态。

第 26~30 天：让志愿者重新回到第一阶段的有时间线索的生活状态中。

研究人员记录到的志愿者睡眠时长和睡眠节点的结果显示，在剥夺了志愿者的"时间知情权"之后，他们的睡眠时间发生了偏移。也就是说，如果一个人正常的上床睡觉时间是晚上10点，在被"关进了小黑屋"之后，可能要到晚上11点时他的大脑才"感觉"这是他"往常的睡觉时间"。

显然，在失去了环境中的时间线索（这里的线索主要指太阳光线）后，大脑"内部的时钟"跟外界的时钟脱节了。

今天，我们要把"**大脑内部的时钟**"单拎出来说道说道，因为跟大自然的时间不一样，每个人的大脑都有自己的一套时钟，咱们可以理解为这与个人的"时间观念"有关。有些人的大脑能够精准地感知时间的流动，而有些人总是要过了很久才恍然大悟：啊！怎么时间过去这么久了呢？

而有趣的是，神经科学家在"大脑内部时钟"问题上钻研得越深，越发现大脑时钟的工作机制与大脑的记忆力密切相关。因为大脑在进行记忆的时候，常常需要将特定事物与时间和空间信息串联起来，以巩固记忆。

如果你要问莉亚今天早上起来都做了什么，她应该会这样回答："早上6点的闹钟一响，我就起床洗漱了。然后我给自己做了三明治和酸奶碗当早餐，吃完就出门上班了。大概 8 点半到了病房，9 点跟主任一起巡查病房。"

莉亚回忆她早晨的活动时，紧紧围绕着时间的顺序，我们大多数人也一样，即使不像莉亚这样能精确地记住时间点，也会大概记住每个行为发生的"前后顺序"。

所以，我们大脑的"内在时钟"，严格说来，就是指这种"事情发生的先后顺序"，以及"两个行为之间的时间间隔"。大脑负责管理记忆的海马体中，就存在着一群神经元，专门负责将事件按照发生顺序，根据不同时间间隔进行排列，然后形成记忆。神经科学家把这群海马体中的神经元称作**"时间细胞"**。

脑科学家是如何发现动物大脑里存在时间细胞的呢？

2011 年，波士顿大学的记忆与大脑研究中心团队设计了一种"物体目标—延时—气味奖赏"实验，先把小鼠放在一个物体面前，从小鼠接触到物体开始计时 10 秒。10 秒后，研究人员开始往小鼠周围释放香味信号，经过不断重复训练，小鼠慢慢"学会了"：只要看到这个物体，大脑就会"自动计数"，"期待"10 秒后会传来香味。

然后研究人员开始在这 10 秒的基础上，慢慢把散播香味的时间依次延长5秒、10秒,甚至20秒,同时在小鼠大脑中植入电极,记录它们大脑细胞的放电情况。

结果显示,如果延长了散播香味的时间,小鼠的海马体神经元会在"延迟的时间段的某个特定时刻"疯狂放电。这个现象很有趣,即使重复了成百上千次实验,小鼠的神经元都很一致地固定在第7~8秒(假设香味延期了20秒)放电。这不是巧合,是因为这群海马体神经元"给自己的忍耐度设定了一个秒表":"我知道你要延迟给我香味奖赏了,但我对你的忍耐度只有7秒,不多不少,7秒一过我就要抗议!"

人类和动物一样,都有自己的"时间细胞",而且有趣的是,不同人大脑里的"时间细胞"设定的"忍耐度倒计时钟"不同。所以我们经常发现身边的人对时间流逝的感知力是有差别的:有人严格要求自己,把行程安排细致到几分几秒;而有人无所谓,在一定时间范围内浮动都可以。

但是,我们还是建议提高对时间的感知力,因为后来很多关于海马体时间细胞的研究,揭示了时间细胞的敏感度与大脑工作记忆的正确调取紧密相关。

就拿经典的气味配对实验来举例吧,脑科学家会先训练小鼠,让它们记住四种气味,然后设计一个二次延期气味刺激实验:第一次先让小鼠闻气味1(闻

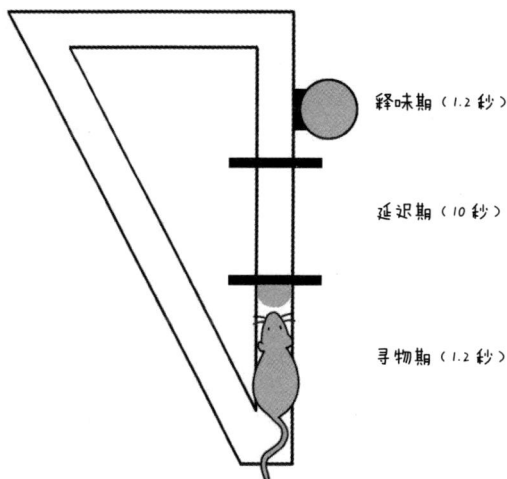

释味期（1.2 秒）

延迟期（10 秒）

寻物期（1.2 秒）

参考资料：MACDONALD C J，LEPAGE K Q，EDEN U T，et al. Hippocampal "time cells" bridge the gap in memory for discontiguous events[J].Neuron，2011，71（4）：737-749. DOI：10.1016/j.neuron.2011.07.012.

1 秒），延迟 2~5 秒，进行第二次闻气味。如果小鼠第一次跟第二次闻到的气味是同一种，那么小鼠的时间细胞就会疯狂兴奋放电；如果两次闻到的气味不是同一种，那它们的时间细胞放电活动就不明显。这恰恰提示了，小鼠对气味的记忆，离不开时间细胞的参与；或者换个逻辑，小鼠的时间细胞，会在记忆出现"不配对"的时候，疯狂放电，给大脑"报错"。

在了解大脑时间细胞的前世今生的时候，我们是否可以"借鉴"它们的工作模式，来有意识地训练我们自己的大脑时间管理和记忆管理能力呢？

要注意的是，大家不必强迫自己改变做事习惯。用现在流行的说法，有人是事事讲究做计划的"J人"，有人是随心所欲的"P人"，但是并没有科学证据可以证明J人就一定会比P人工作效率更高，我们还是怎么舒服怎么来，重点是把事情做好。

但是，既然每个人的大脑天生就存在一群时间细胞，那么我们为何不考虑顺势而为，将它们利用起来呢？

我们可以养成做工作计划的习惯。莉亚特别喜欢做计划，她能把时间表精确到一天哪个时刻该干什么事情（所以她固定6点起床），要是哪天她6点没有按时起床，她的大脑时间细胞也会催促她的。而有人很讨厌被计划束缚的感觉，那也可以不做计划，不过我建议你每次心血来潮做某件事情的时候都去看看时钟，将事件与时间建立联系，这对你的记忆会很有帮助。搞不好哪天你需要回顾工作流程的时候，不小心把顺序搞乱了，你的时间细胞会马上跳出来"指正"你，说："不对，那天你是在大概9点才出门，所以你在银行遇见客户肯定在9点之后了。你再想想？"

1.4 习惯成自然
——神经通路

莉亚一直有晨跑的习惯，无论春夏秋冬，她每天早上起来的第一件事就是换上运动服出门跑上一圈。

莉亚的室友总问她是不是有什么秘诀，为什么可以连续坚持十几年早起跑步。

她思来想去，好像也没有什么秘诀，就是——习惯了。

脑科学家很想剖开动物的脑子看看，到底是什么在引导动物养成某种行为习惯。因为这对人类来说实在太重要了，如果我们知道大脑形成习惯的深层机制，或许就能更轻松地建立好的生活习惯，改掉恼人的坏习惯。

首先，我们需要辨别哪种行为属于习惯性行为。英国精神学家安东尼·迪金森（Anthony Dickinson）设计了一个行为实验来研究动物的习惯：把实验大鼠放进一个摆着"食物奖励杠杆"的箱子里，只要它们拉动杠杆，就会有食物掉下来；在食物的"奖励"下，大鼠会一次又一次地拉动面前的杠杆。接着，研究人员会把大鼠放回笼子里，给它们使用会引起轻度呕吐症状的药物，让它们意识到拉动杠杆带来的食物奖赏不一定会带来愉快的体验。最后，再次把动物放回实验箱子中，让它们再次选择：拉还是不拉这个杠杆？

如果研究人员观察到这些大鼠依旧选择了拉动杠杆，那他们会认为，这个动物拉动杠杆的行为是一种**习惯性动作**。

我想，习惯就是一种不求回报、不计后果的"单向奔赴"吧。实验大鼠明白，拉动杠杆可能不会有好事发生，但它们还是选择了"拉一把"，因为——习惯了。我们人类的很多行为也是一样的，没有特别的目的，也说不好这样做有什么意义，甚至我们并没有在这个过程中感受到快乐或是成就感，但还是习惯性去做。

脑科学家们接着就想看看，这些大鼠们在做习惯性动作时，它们的大脑到底在经历什么样的变化。这一次，研究人员给动物大脑的纹状体区域植入了电极，这些电极会将大脑神经元的活动转变成电信号，好让我们可以实时观测到神经元活动的变化。

结果很有趣，脑科学家发现，这些神经元只在动物进行"习惯性动作"的最开始和最后的两个时间点兴奋，在行为进行的中间毫无波动。

一个习惯性行为的发生，就是一个已经"被打包好了的**命令模块**"，只需要点击"开始运行"，这个写好了习惯指令的命令包就会"嗯"一声，进入"没有感情的自动驾驶模式"，直到行动结束，才再次恢复"人性"，抬抬眼皮告诉你："喂，活儿我已经干完了。"

莉亚心想，好像真的是这样，每天早上跑步这件事情，好像只有在踏出门口的那一刻和结束后那一瞬间有些激动，整个跑步过程总体说来，"也就那样吧"。

你别不服气，其实很多事情，也就那样而已。你以为食物能够给你带来心理慰藉，所以每次心情沮丧时就要吃很多食物，你说你习惯了每次难过就要吃东西。可是，在不停往嘴里塞东西的时候，你真的得到了抚慰吗？这个以食物来抚慰内心的习惯，就是一个习惯命令行，我们一旦陷入心情低谷，这条命令就会开始运行，然后我们身体就进入了"去吃东西"的自动驾驶模式，可是，这个时候，大脑纹状体的神经元是不会发光的。

纹状体区域的神经元初步建立了习惯行为的神经调节机制后，大脑并不会直接就拍板通过，这个"习惯行为"要想真正获得"身份认证"，还需要纹状体的上级——边缘下皮层审核。边缘下皮层会在一段实习期内考察纹状体神经元与这个习惯行为的调控关系，确认不是"虚假关系"后，才会正式确认一个习惯的养成。

因此，科学家们突发奇想：是不是想要改变一个坏习惯（比如暴食、药物成瘾），只需要针对性地控制住边缘下皮层区域的神经元就行了？正所谓，擒贼先擒王嘛。

于是，研究人员让老鼠在 T 型迷宫里自由活动，他们会在这个 T 型凹槽的固定一侧（比如右侧）给老鼠食物奖赏，久而久之老鼠就养成了向右走的习惯。即使是后面研究人员把右边的奖励撤除了，换成了左右随机给予奖励，老鼠还是会习惯性向右走。

然后，科学家们使用了一种叫作"光遗传学"的技术，往边缘下皮层区域注射光敏感型蛋白，通过对这个区域进行光照，抑制这个脑区内的神经元细胞活性，来实验性地研究"通过抑制边缘下皮层神经元以消除习惯行为"的可能性。

结果是，通过光遗传学技术选择性抑制了边缘下皮层神经元活性后，这些动物先前好不容易养成的习惯马上就消失了，并且渐渐又养成了新的习惯：无论研究人员怎么引导它们，它们总是往有奖励的方向爬行。而一旦光抑制效应去除，这些老鼠又会慢慢改回原本的旧习惯：往右走。

看来，习惯一旦形成，就永远不会消失，即使新的习惯会逐渐覆盖掉旧习惯，旧习惯还是会在某个时刻、某个场景下悄悄回来。所以，对于习惯的培养，从脑科学角度来看，我们有了很多体会。

1. 不要轻易接触不良事物，不良习惯一旦形成，将很难去除

莉亚就有过这样的挣扎时刻，她花了很大力气才改掉自己一难过就猛吃东西的不良习惯，现在她一郁闷就去运动，可是她还是经常会在受到严重打击的时候重新封闭自己，忍不住把手伸向冰箱里的冰淇淋和蛋糕。恶习一旦形成，就会一直躲在阴暗的角落里，等待我们意志力薄弱的时候，卷土重来。

2. 给自己一些行动暗示

就像在行为实验时训练动物一样，我们也可以给每一个习惯模块加上一个启动开关。比如，你想训练自己养成每日晨跑的习惯，就每天都把跑鞋放在床沿，早起一睁眼视觉上接收到的跑鞋信息，会帮助你打开晨跑习惯这个模块。你只要一穿好跑鞋，大脑就会进入自动完成跑步程序的模式。脑科学家还特别建议我们给每一个习惯行为的完成设置奖赏，

晨跑回来奖励自己一块饼干或一把坚果，让纹状体神经元尖叫一把。

3. 改变坏习惯不是一件容易的事

马克·吐温说："习惯就是习惯，既然不能一把把它从窗户中丢出去，那就一步一步地把它诱哄下楼，再慢慢请出家门。"精神学家有个帮我们戒掉恶习的建议，就是将行为与我们自以为的意义进行切割：食物就是食物，不是爱，所以无论吃多少东西都不会得到心灵慰藉；桌面凌乱又怎么样，跟人的工作能力没有关系。所以放下你的执着吧，怎么舒服就怎么来。

1.5 情绪有什么价值
——神经科学的视角

莉亚不爱跟别人争执，遇到很气愤的事情时，她只会像个小包子一样把怒气憋在心里，内心五味杂陈，情绪无法宣泄，大脑一直在嗡嗡地响。她甚至会被气到浑身颤抖，感觉五脏六腑都在翻滚搅动。

这种强烈的主观体验联合身体反应的出现，在神经科学中被称为"**情绪**"。

可能很多人觉得，情绪不就是面部表情吗？因为一个人的情绪很容易表露在脸上。但是，生活中不乏那些把个人情绪隐藏和控制得很好的人，单凭面部表情，我们很难看出他们的喜怒哀乐。神经科学家发现，人在强烈情绪状态下（尤其是害怕和焦虑状态下），心率、呼吸频率，以及血管扩张状态都会发生生理性的改变，这种生理变化在很大程度上是不受大脑意识控制的。也就是说，即使我们的大脑想要隐藏情绪，也阻止不了我们身体的自然反应。

我们在犯罪题材的影视作品中常看到的测谎仪，

就是基于此发明的。很多高智商嫌疑犯具有极强的心理素质，回答问题总是滴水不漏，面部表情和肢体语言都没有破绽，要想在他们身上找到突破口，警察偶尔会用测谎仪来辅助问讯，通过监测嫌疑犯回答问题时的生理数据来评估他们的情绪状态。

我们的大脑是如何调节情绪的呢？

下丘脑，是脑科学界最先发现的与情绪调节有关的大脑结构。1928 年，学者菲利普·巴德（Philip Bard）在猫身上做了一个实验，他切除了猫的大脑中的下丘脑结构，结果发现，下丘脑受损的猫咪出现了"伪怒"行为，即一种无理由、无差别的生理性愤怒反应，具体表现为血压升高、心率加快、局部毛发竖起，以及爪子张开想要挠东西。而下丘脑健全的小猫没有出现以上无差别愤怒行为，因此，巴德认为，下丘脑是调控动物情绪反应的关键大脑结构。

后来，另一位神经科学家瓦尔特·赫斯（Walter Hess）通过向猫的大脑植入电极，刺激其下丘脑的神经元，发现下丘脑受到电刺激后，猫会产生攻击行为。后来，人们认为这种攻击行为是猫在对抗大脑恐惧情绪时产生的自卫反应。

此外，还有一位神经科学家保罗·布洛卡（Paul Broca）发现，大脑半球内侧面的胼胝体和间脑周围边缘部分的大脑皮层区域（后来被命名为"边缘叶"），很有可能与人的情绪密切相关。这个猜想在后来的脑科学研究中逐渐得到了证实，科学界达成的共识是，大脑的情绪调控主要分为四大部分：下丘脑负责的内分泌和自主神经功能调控、杏仁核负责的情绪调控、嗅皮层主导的嗅觉功能，以及海马结构参与的记忆功能。相关的大脑核团和结构被称为大脑的**边缘系统**。

大脑是如何感知情绪并做出反应的？

我们不妨回看一下莉亚刚开始学医时的经历。在决定成为一名医生之前，莉亚非常害怕去医院和诊所这些地方，医院里面的消毒水味道总是让莉亚轻易联想到生病的难受和打针吃药的痛苦，所以莉亚每次闻到消毒水的味道都会感觉恐慌，不自觉地心跳加速、呼吸急促、四肢冰凉，不由自主地想掉头就跑。

莉亚的每一个反应都可以算在大脑边缘系统的头上。首先，莉亚童年时生病去医院的记忆、医院内标志性的消毒水味道的记忆早已储存在她的海马体中。因此，当她长大以后，无论在哪里，只要闻到消毒水味，这个味觉信息都会通过嗅觉感觉神经通路到达大脑嗅觉皮层，再触发她海马体里的"消毒水记忆"，然后杏仁核做出反应，产生对医院的恐惧。紧接着，她的下丘脑被激活，分泌大量肾上腺素启动身体的防御

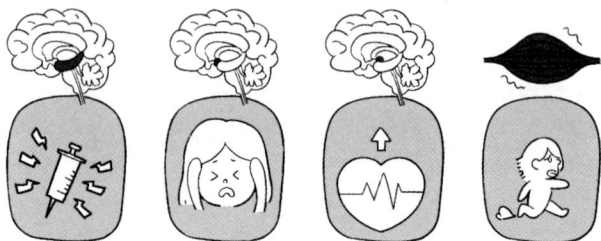

机制。于是，莉亚进入了警备状态，血压飙升、心率加快，四肢的血液都往心脏和大脑收蓄，而且大脑的运动皮层也给她的肌肉发出指令，通知身体随时准备逃离现场。

为什么同样是医学生，莉亚会对医院的消毒水味道感到害怕，而她的同学们却不会？

原因在于，杏仁核与大脑皮层和基底节区也存在着与情绪调控有关的神经连接，这条神经环路主要涉及筛选和运动启动功能，而这种主观的筛选过程与个人自我意识和认知水平有关。你可以这样理解：不同人的大脑认知，甚至人在不同阶段的认知水平，都有可能影响人的情绪体验。

人的情绪控制，是一张由身体感觉、肢体运动、激素分泌、大脑记忆和认知织起的大网，能够更好地感知自己的情绪和调节自己情绪的人，才能够更好地提升大脑认知水平和管理身体的能力。

所以，聪明人的大脑指南，在情绪这一部分，给出的建议是：

1. 不要试图控制自己的情绪，而是要先认识它、了解它、接受它

正如前面猫咪的下丘脑被激活后容易出现愤怒情绪一样，外人看来这是无理由、无差别的愤怒反应，

可是这种反应是大脑与生俱来的自我保护行为。情绪的外化是我们在告诉自己危险正在靠近，要严阵以待；也是在告诉别人，"你的行为已经让我很不舒服了，希望你好自为之"。

遇到应激事件时，不要试图压抑情绪，可以先把此刻的心情书写下来，去寻找使自己的情绪如此波动的内心触发点，就像莉亚对医院消毒水的恐惧来自自己的童年打针经历一样，我们不妨问问自己：是否我的海马体中隐藏着不愉快的记忆？

2. 我们要让情绪这张大网达到最佳平衡

我们很难控制和伪装生理上的情绪反应，但是可以不断提升大脑的认知水平来反馈作用于我们的情绪调控网络，让我们去重新认识那些所谓的"负面的事物"。就像莉亚现在一样，医院和消毒水，不只是童年给她带来痛苦的东西，也是她努力追求的事业和理想，是给患者带来安慰和希望的地方。

3. 给自己准备一个情绪发泄的工具箱

情绪在大脑中产生和爆发，总归是要找到一处行为上的出处的。比如，莉亚面对恐惧时，双脚肌肉收缩随时准备逃跑；人们生气愤怒时，大脑的运动皮层有时会指挥他们朝对方挥出拳头。但我们的杏仁核产生情绪信号后，会指挥大脑运动皮层做出哪种行为，是可以被我们的意识"控制"的。我们应该积极地告诉大脑，压抑的时候去跑步，害怕的时候去面对，生气的时候要沟通，从而建立一条属于自己的健康情绪疏导通路。

1.6

不要考验人性
——有限的意志力

莉亚一直有点身材焦虑，总想着要减肥。减肥真的好难，减肥是和平世界的最大"酷刑"之一，莉亚一方面忍受着饥饿对身体的折磨，另一方面要经历美食诱惑对意志力的挑战。

她决定给自己设定一个减重目标：3个月内瘦10斤！

她从网上找到了一个断食减肥方案，里面写着一天三餐只能吃黄瓜、西红柿和水煮蛋，并且每天需要运动一小时。只要严格按照计划进行，莉亚必定能在一周内完成自己的目标！

莉亚狂喜。这还不简单？她马上就去超市买好了黄瓜和西红柿，准备大干一场。没想到，这场减肥计划，在第一天就戛然而止了。莉亚早餐起来吃了个鸡蛋和西红柿，午餐吃了两个鸡蛋和素炒黄瓜，下午准备去跑步机跑步一小时的时候，她感觉自己真的坚持不住了，浑身无力，大脑也不听使唤了。她试图鼓励自己:"加油!坚持!你一定可以的!莉亚你是个有着钢铁般意志的女人,绝对不能输!"

莉亚咬着牙跑了一小时,结束之后马上打开手机下单了一个炸鸡全家桶。"哦耶!美食万岁!"

事实证明,<u>要实现目标,光靠意志力是不行的</u>。荷兰阿姆斯特丹大学的一个认知神经科学团队在 2003 年发表过一项有关如何抑制诱惑的脑科学研究。他们招募了一群志愿者来进行"抵制诱惑"测试,研究人员设计了不同的行为学研究模型,以区分志愿者是在用意志力来抵制诱惑,还是在用其他能力来抵制诱惑。

每一轮测试包括一个 4000 毫秒的选择期、10000 毫秒的延迟等待期,以及 2500 毫秒的奖励期。在选择期的时候,志愿者会面临着"选短期可得的小奖励,还是选延迟获得的大奖励"的选择。如果志愿者进行的是"意志力测试",他们会被强制要求只能选延迟的大奖励;而如果进行的是"选择性测试",志愿者可以在选择期按照自己的意愿进行选择,一旦选定,不可更改;而在"预先承诺测试"组中,志愿者事先可能会预料到自己没有办法坚持到最后,所以如果在等待期间想要更改决定,他们依旧可以获得相应的奖励。

也就是说,如果"预先承诺测试"组的志愿者一开始想激励自己"先忍耐一下,搏一个大奖励",但是在等待过程中感觉自己"忍不住了"，他可以随时放弃，并且告诉研究员："我反悔了，我现在只想即刻得到奖励，就算是小奖励我也认了。"

你猜结果如何？比起其他两组，"预先承诺测试"组中的人，选择等待并得到了大奖励的概率是最高的。

套用一个社交平台上的热门词来形容"预先承诺测试"组的志愿者，那就是有**"松弛感"**。他们一直有选择权，进退自如，既可以逼自己一把追求大奖励，又可以随时停止内耗。"大不了我就拿个小奖励好啦，何必把自己逼这么紧呢？"

往往就是这些很有"松弛感"的人，最容易获得"终极大奖"。

莉亚这次决定放松一点，不再把自己逼得太紧。她告诉自己，不用严格限制自己的饮食，她一直知道"想要得到好身材就必须长期努力运动和抵制美食诱惑"是一个缓慢但大号的奖励，只是她不再强迫和压抑自己。每当她运动完很累或者情绪快要崩溃的时候，她会"允许自己放弃一下"，好身材固然吸引人，但是莉亚现在只想要即刻享受到美食带来的满足感。

莉亚就这样"三天打鱼，两天晒网"地——在旁人看来她是这样的——开展了几个月的"减肥行动"。神奇的是，她反而觉得自己运动的时候更有劲头了，面对体重的起伏她也不再那么情绪化了，吃东西的时候更加开心了，最重要的是，她真的瘦下来了！

对了，前文中那个研究团队还对志愿者进行了头部扫描，想看看那些"想靠意志力逼迫自己的人"和"松弛的随性之人"在面对诱惑时，他们的大脑分别是如何活动的。通过图像分析统计，他们发现志愿者在"必须咬紧牙关坚持等待才能得到大奖"时，他们大脑的背外侧前额叶皮层和后顶叶皮层被激活了，而志愿者在"随时可以放弃等待而获得小奖励"时，他们的大脑外侧前额叶皮层被激活了，而且外侧前额叶皮层与前面提到的两个意志力相关脑区（背外侧前额叶皮层跟后顶叶皮层）之间的功能连接也增强了。科学家因此提出了这样一个假设：当大脑在面对诱惑，需要调动自我控制力时，由外侧前额叶兴奋连接到背外侧前额叶和后顶叶的**分层激活模式**，也许比直接上来就"叫醒"所谓的"意志力相关脑区"的方式更能让人接受一些，大脑也更喜欢这样的控制力模式。也是，谁都不喜欢一上来就给自己"上压力"。

所以，以后想要抵制诱惑时，除了使用意志力这样的"蛮力"，不妨尝试一下更科学省力的**预先承诺法**吧！这是很多研究大脑控制力的神经科学家们推荐的抵制诱惑手段，用神经科学家的语言来说，就是"在面对诱惑时，人们预期自我控制失败并前瞻性地限制自己接触诱惑的机会"的方法。

生活中有很多这样的例子可供我们参考。如果总是忍不住吃垃圾食品，我们可以允许自己偶尔买小包装的零食，来避免自己为了省钱而批量买大包装。存钱也是一样，人们都知道时限更长的定期存款能得到更多利息，但是如果其间急需用钱不得不中止协议，将无法得到利息的话，大家就会很少选择定期存款。因此很多银行为了吸引人们选择定期存款，转而推出了随时可以"中止定期协议"的方案，一旦中止便自动转为活期存款协议（即利息按照活期存款来算）。

人们预先接受自己的意志力可能并没有办法支撑自己坚持到最后，所以选择"不受约束"，而这种不受约束的决定又让他们最终达到了更高的目标，是不是很令人惊喜？

1.7 风险与收益
——脑内的奖赏机制

莉亚从小就爱看香港电影，她印象最深刻的就是赌神系列电影，影片中那些被奉为"赌神""赌圣"的男主角们在牌局中既拼实力又搏手气，剧情发展到高潮部分时，主角们总要经历一番内心的挣扎：这一把，是要继续跟进还是就此收手？若是选择冒险，赢了将一战成名，输了便跌落谷底；若是适可而止，我日后还有机会东山再起。

而电影主角一般都会选择继续冒险下去，最终成为大赢家，在万众瞩目下甩着大风衣潇洒离场。

莉亚在自己的人生中也面临过类似的"赌局"。高考报志愿的时候，她就在纠结，是要搏一把，选择机会较小的高分大学，还是选择较为稳妥的低一档院校？她发现自己怎么也做不到像赌神一样"梭哈一把"。

成功是不是必然要与"冒险"挂钩？一个人要想成功，必须得有一个"冒险脑"吗？

美国爱荷华大学神经科学团队设计了一个实验

（爱荷华博弈任务）来评估人的赌博指数（又称冒险指数）。他们创设了一个虚拟的赌场环境（比如模拟赌场的光照和声音），赌场中有一场牌局，局中摆放着四组卡片，每组卡片背面都显示着这张卡片所对应的奖励或是惩罚，奖励越高的卡片往往伴随着更高的惩罚概率，奖金越低的选项则意味着越低的惩罚概率。但总体来看，低奖励低惩罚选项的累积分数会比高风险选项的更高。如果你参与这一牌局，会怎么选？

为了让实验数据更加有说服力，研究人员招募了尽可能多的健康志愿者，并让每一个志愿者重复这个赌博测试100次，结果他们发现：

不管志愿者们一开始怎么选，他们总会在重复的测试中慢慢"学会"选择总体收益更高的低奖励低惩罚选项。虽然从牌面上来看，高奖励选项的奖金真的很诱人，但大脑似乎在测试过程中学会了"计算"每个选项的性价比，并做出了"有利决定"。

而且，科学家还发现，人的冒险指数跟人的智商水平和受教育水平并没有关系，这一点跟许多人的预期不太符合。

为了了解赌博行为（冒险行为）内在的大脑活动，研究人员决定招募一群赌博成瘾者来进行研究。他们发现，赌博成瘾者有这样一些特征：①戒断症状，如果强行中断他们的赌博行为，他们会感到强烈的焦虑和痛苦；②**漠视生活**，除了赌博，他们对其他一切事物都不感兴趣；③**追逐损失**，一直试图用下一场赌博把失去的筹码追回来。

这些行为背后是否涉及大脑的改变？研究人员对他们的大脑进行了功能成像，发现赌博成瘾者在赌钱时，他们大脑的**奖赏系统**会聚焦在"金钱诱惑"上（涉及纹状体、眶额皮质以及岛叶等脑区的活动改变），甚至可能会对别的类型的"奖赏"提不起兴趣。例如，让赌博成瘾者跟正常人一起接受"金钱"和"色情"信息的"诱惑挑战"，赌博成瘾者只会对"金钱诱惑"感兴趣，而漠视"色情诱惑"。

而且，赌博成瘾者的大脑对"失败"和"损失"等负面结果的反应会被弱化。一个正常人如果赌局失败了，他的大脑腹侧纹状体可能会反应激烈，对损失了金钱表现出极大的沮丧情绪；而赌徒的纹状体反应却很"迟钝"，似乎对"输"这件事情特别麻木。

大脑奖赏系统的功能失调，导致赌博成瘾者过度注意奖赏，轻视背后的风险，甚至会经常跳入一种"追逐损失"的陷阱中。他们总是在想："再来一把吧，下一把我要加大筹码，只要下一把赢了，我就能把前面输掉的钱都赚回来！"一旦决心加大筹码追逐下一场，人的大脑就会进入"赌徒"模式，如果这个时候用机器去拍摄大脑的活动，你就会看到大脑的前额叶皮质和前扣带回区域正在活跃。这个时候，赌徒们已经不像一开始那样单纯想着赢点小钱娱乐一下了，他们真正燃起了一种"胜负欲"，誓要不顾一切把过去失去的都夺回来，根本不考虑自己的选择是否理智。

然而，不是所有人都会进入"追逐损失"模式。赌博实验显示仍有少部分健康人在面对失败时会选择停止冒险，及时止损。这个时候，他们的大脑后扣带回、岛叶和丘脑等区域都纷纷前来参与此决策。巧合的是，当科学家想进一步研究该如何帮助人们停止赌博行为时，发现吸取失败教训才是停止"追逐损失"的好办法，而且人类大脑在"整理失败教训"时的功能活跃区域也主要是后扣带回脑区。

所以无论是面对真正的赌局，还是面临生活中的冒险决策，人类大脑都会进行激进派和保守派的争论。激进派阵营是由前额叶皮质、前扣带回、岛叶等区域为代表的脑区，它们一向乐观，爱把事情往积极的方面想，因此总鼓励大脑去做冒险决定；而保守派的后扣带回则比较谨慎，甚至凡事都爱往"最坏的结果"上想，因此总是担任"劝退"的角色。在大脑快要失去理智的时候拉我们一把的，可能正是我们的

"保守脑"。

冒险脑和保守脑，哪个更好呢？

<u>从长远来看，低风险、低收益带来的累积效益应该是更高的</u>。但是，我们不否认人生很多时刻需要"冒险一把"，毕竟人生的意义不应该只关注"最终收益"或是"最终成就"，还要活好此时此刻。不必过度担心自己会过上"赌徒人生"，如果我们的脑子正常的话，放心，它会帮忙"制止"我们的。

如果我们真的失控了，而且在追逐的过程中失败了，相信失败的经历会给我们的"保守脑"增加谈判筹码，日后若再次面对冒险决策，"保守脑"的话语权会更大。

1.8 心理暗示为什么有效
——"唯心主义"的大脑

莉亚终于迎来了自己的博士毕业答辩，万里长征走到了最后一公里，而她却怯懦了，最近总是问自己："我真的够格成为一名神经科学博士吗？"

她开始审视自己过去的日子——"我真的足够努力学习了吗？我该不会是个科研垃圾制造机吧？我论文第三章第一部分的结果怎么看起来这么奇怪？"

莉亚向导师寻求帮助，导师说："莉亚，别人对你的评价取决于你给他们展示了一个什么样的你，用你的自信去说服他们授予你博士学位吧！"

莉亚"左右"得了博士毕业答辩评委的意识和决定吗？

什么是"意识"？意识可不等于大脑的想法。神经科学家迈克尔·加扎尼加（Michael Gazzaniga）在他的书《意识本能》中简单地将"**大脑意识**"定义为"人类用来形容抽象的直觉和记忆的词汇"。在某个特定时刻最能抓住我们注意力的东西，就是我们的大脑意识。

很遗憾，大脑意识仍旧是神经科学界的研究难题，直到现在，神经科学家和哲学家还在为一个问题吵个不停：意识和想法，孰先孰后？

很多人的第一反应是：当然是先有大脑意识，才能产生行为冲动，大脑是行动的指挥官。但是，按照前面迈克尔的定义，大脑意识更像是"直觉"一样的东西，很多时候我们还没来得及思考，行为就已经产生了。

难道，我们的行为都是被大脑"提前设定"的吗？

1964年，弗赖堡大学医学院的两位神经科学家汉斯·赫尔穆特·科恩胡贝尔（Hans Helmut Kornhuber）和吕德尔·迪克（Lüder Deecke）在实验室对十几个志愿者的脑电活动进行了监测。在这里，志愿者们被要求随意地轻微弯曲一下他们的右手手指，同时研究人员会把志愿者的脑电波记录下来。

通过监测志愿者产生手指活动这一动作前后的脑电波，研究人员意外地发现，在每一次手指动作产生之前，人的脑电波都会提前出现一个微小的电位"跳跃"。

这个电位的小小跳跃幅度并不足以触发行为产生的开关，却预示随后而来的动作发生，科学家将其称为"大脑前运动电位"，也叫**"准备电位"**，用于衡量大脑皮层在从意识水平计划运动前表现出的神经元活动。

在后来的几十年中，神经科学界都将准备电位奉为"大脑存在自由意志"的证据。在大脑真正产生行为冲动之前，我们的脑海中早已掀起过一阵风浪，似乎一切大脑想法和其所指挥的行动，都已经被提前设定好了，不以我们的意志为转移。

如果事实如此，莉亚能否通过博士毕业答辩评委的审核，岂不是成了一场赌博？而这场赌局的决定因素竟然是评委们的自由意志？

听起来很荒唐，但是可能真的会出现这种情况：评委一开始就下意识把莉亚给否决了，于是在整场答辩过程中，他的全部注意力都集中在寻找莉亚的错处上，行动上一直都在为自己的"意识"搜集证据，不断证明自己的决定是合乎逻辑的。

生活中也不乏这样的现象，我们可能会对身边的人有种"不舒适的感觉"，一旦这种感觉存在，我们的想法和行动就会不由自主地引导我们去排斥对方。

不过，法国国家健康和医学研究院的一名研究员亚伦·舒格（Aaron Schurger）于2010年提出了不同的想法，他认为大脑做决定的过程并非那般"武断和专制"，准备电位的出现，其实是大脑不同区域的神经元

"默默举证、投票并最终表决的结果"。

而大脑最重要的"证据搜集过程",就是靠感觉系统来收集外界信号,例如视觉(我的眼睛看到了什么?)、听觉(我的耳朵听见了什么?),并结合自己的大脑记忆(我以前是否看过类似的画面或是听见过类似的声音?)对此情此景"重新包装"。

所以,莉亚还有许多可以争取的地方,她该去定制一套合身得体的西装,向评委展示一个自信专业的形象;她需要训练自己的口头汇报能力,做到语言简练、逻辑清晰、语调缓和有力;她要把自己"包装"成大众脑海里的"优秀毕业生"形象,最好能勾起评委们脑海中与"三好学生"有关的记忆——当然也有可能正好这个"三好学生"形象勾起了评委不愉快的回忆,导致效果适得其反。

积极的行动一方面不断向评委的大脑输入正面信息,激活他们的神经元给莉亚投上支持的一票;另一方面也给了莉亚积极的心理暗示,告诉自己一定能行,于是大脑和身体形成了正向反馈,大脑越自信,身体便越强大。

对于大脑是否存在自由意识的争论,可能还会持续下去,但这并不妨碍我们从中得到一些启示。神经科学认为,我们眼睛所见不一定为所得,我们脑海中

的"事实"并不等于真正的现实，而是一个人类大脑接收到的感觉信息被大脑加以修饰后的呈现；我们的大脑其实是很容易被外界信息迷惑的，大脑制造的错觉有时会给我们带来勇气，有时会蒙住我们认清现实的眼睛，所以我们要多开放我们的感觉输入渠道，争取对事实有更加完整的认识。反过来，我们也可以利用这个特点，塑造自己在别人眼中的形象，也许在塑造的过程中，我们真的会变成那个人。每个人都有自己的感觉输入系统和记忆包装系统，因此不同人对同样事物的解读以及做出的决定也会不同。大脑的工作机制就是这样，所以我们应该更加谦逊一些，对其他的声音持有开放和包容的态度，我们不一定是对的，但是不同的想法一定会碰撞出更天才的火花。

第 **2** 章

大脑的生老
病死

2.1 大脑之"死"
——脑细胞的更新与凋亡

莉亚的妈妈问了她两个很严肃的问题：人的脑细胞会死吗？是不是当大脑的细胞全死光的时候，就是医生宣布"脑死亡"的时候？

因为莉亚妈妈是一个资深的八点档电视剧迷，电视里的男女主角总是一吵架就摔门出走，跑到马路上被车撞成植物人，躺在病床上等着被医生宣布脑死亡。所以每次莉亚在家学习学到崩溃，呐喊自己的脑细胞都快要死光了的时候，她的妈妈都着急得不行："乖乖，要不咱别学了吧，再这样下去你就要'脑死亡'了呀！"

不会的，咱们的脑细胞哪儿那么容易就死了呢？正常情况下，我们的大脑细胞真的很难杀。

大脑作为身体最高级的器官，自然享受最高级别待遇，身体正常运转时，所有能量（葡萄糖和氧气）都需要优先供给大脑；而在身体危殆时，大脑更是那个被"保护"到最后的器官，身体会自发进行血供再分配，将不重要区域的血液和氧气供应切断，把最多的资源留给大脑。

除非脑细胞想自杀。正常情况下，脑细胞是要定期"自杀"的，就像我们种果树一样，要定期修剪枝叶，因为要"优生优育"，品质比数量更重要。细胞的"自杀"叫作**细胞凋亡**，这是身体在健康状态下进行自我更新的程序性死亡机制。

当我们还只是一个在妈妈肚子里的小小胚胎的时候，要想长大成人，就得努力从一个细胞变成很多细胞，所以胚胎干细胞会先分化成各个下一级的系统干细胞。比如，对神经系统来说，就是神经干细胞。这些神经干细胞会积极发展"下线"，衍生出很多神经元，此后这些神经元会慢慢迁移到各个脑区去参与大脑的建设。

我们经历的第一轮大规模神经细胞"自杀"过程，就发生在神经元构筑大脑基本结构这一时期。考虑到神经元需要"长途跋涉"到特定的大脑区域，神经干细胞会保守地生产至少两倍的细胞量，这些细胞在迁移过程中，有的会因为体力不支选择放弃，有的则因为营养不良遗憾退队。最后能完成使命的细胞数量可能就刚好是大脑发育所需要的数量，而且这些幸存细胞刚好是自我筛选出来的精锐力量。

可见，细胞凋亡看似让我们身体损失了很多基础支持，但是总的来说，让我们变得更强了。

不过，细胞凋亡这把利器也不可过度使用，一旦杀红了眼，我们的大脑就要陷入危机了。目前很多大脑疾病的发病都是由细胞凋亡程序失控导致的，例如帕金森病。脑科学家们发现帕金森患者的运动失调症状，很大程度上是因为大脑黑质❶区域的多巴胺能神经元因为自我凋亡过度、细胞丢失过多，而出现了多巴胺的分泌不足。

除了程序性的自我了结，脑细胞还有另一种非正常死法，就是细胞坏死。这种情况一般发生在脑部受到撞击、脑出血或脑缺血引起大脑供血不足等时候。

不管怎么说，像莉亚这种疯狂看书学习的行为，基本是不会让脑细胞死伤惨重的，最多也就是会因为大量思考耗费太多脑力，导致一时半会儿血糖供应不上而已。而莉亚妈妈在电视上看到的"脑死亡"，都是大脑受到撞击导致脑细胞不堪冲击自我破碎，以及脑血管破裂无法正常向大脑供给营养等原因引起的脑细胞死亡。

---

❶ 与运动调控有关的脑区，这个区域的神经元可以分泌大量多巴胺，且细胞密集排列，所以肉眼看起来颜色比周围更深，被称作"黑质"。

我们要想真的保护大脑，也不用想方设法逼自己吃五花八门的营养补充剂，只需要在大脑自我凋亡的时候顺其自然，在大脑处于危险边缘的时候做好防范，在大脑精疲力竭的时候给它点能量即可。

脑科学家们对于如何保护脑细胞以及提高大脑活力，给出的建议很朴素，但绝对可行。

1. 保护大脑免受撞击

尽量避免参与危险系数高的剧烈运动，开车系好安全带，骑车记得戴头盔，走路要看路，下雨天注意防滑。如果不小心受到了撞击，要优先保护大脑。外科医生还有一点特别的建议：有些患者即使脑部受到了撞击，也有可能不会立刻出现症状，所以要持续观察，不要掉以轻心。

2. 保护大脑血管

我们的脑细胞习惯了被娇生惯养，一时没有得到丰盛的营养供应就会精神不振，而大脑血管是为大脑输送糖分和氧气的重要渠道。临床上发生脑梗死的患者都有一个治疗的黄金期，一旦错过黄金救治时间，脑损伤就很难恢复。所以，增强对脑血管的保护意识能在关键时刻救人救己。限制烟和酒的摄入，清淡饮食，把血压和血糖控制在健康范围内，都是为保护我们的大脑血管所做的积极努力。

3. 保证大脑得到充分休息

优质的睡眠很重要。脑细胞其实有日夜两班倒的工作安排，白天是交感神经占主导，所以我们可以更好地进行思维活动和肢体活动等。夜晚则是副交感神经的主场，此时大脑要进行很多"幕后工作"：整理记忆，清除大脑"垃圾"，释放脑力空间，以及跟其他身体器官"聚会"加强交流。所以，应尽量保证自己每日有4~6个睡眠周期的睡眠时长，如果实在太忙，就尝试冥想、深度呼吸，或者听舒缓神经的音乐，让大脑从繁忙的工作中解放一下。

4. 偶尔给大脑一点小小的挑战

跟过度用脑一样，如果大脑整天"无所事事"（多发生于退休老人身上），也会进入"用进废退"程序。大脑以为我们不需要用到这部分脑细胞了，为了节省能耗，它干脆就开始"清理门户"。细胞凋亡一启动就"咔咔乱杀"，一旦失控，就是得帕金森病和阿尔茨海默病的趋势。所以，我们偶尔可以给自己安排一点小小的脑力游戏，做数独、拼拼图，实在不行做做数学题也可以，反正不要让别人以为咱老了就不中用了。

2.2 赢在"起跑线"
——大脑的发育关键期

莉亚虽然是个学霸，从小到大各科成绩都很好，一路过关斩将从小地方考入了当地最好的医学院。但是她一直有个心结，就是无论自己再怎么努力做题、练习、培养语感，她的英文总是比班上那些从小接受外语教育的城里同学更加"土味"，甚至她的英文口语还有口音。

跟同学们熟悉以后，莉亚了解到，这些英文讲得很自然的同学，要么生长在受教育水平很高的家庭，要么自小就接受了很标准的英语启蒙。而她，第一次接触英语，是在小学三年级开始的英语课堂上。

早期对大脑语言能力的培养，似乎对后天的影响很大。

我们知道，婴儿普遍从一岁开始才能慢慢开口说一些简单的音节和词语。但其实，人类早在妈妈肚子里的时候，就已经"被迫"暴露在复杂的语言环境中了。这些语言环境会开始塑造婴儿大脑的相关语言功能区，并为他们后期学习语言奠定基础。

　　大人们会对肚中的胎儿进行"胎教"，会对怀抱中的婴儿讲简单的词汇，会在房间贴满婴儿文字画报教他们读书认字，这是我们生活中常见的帮助婴儿建立早期语言学习模式的方式。

　　可是，大家都是这样教小孩开口说话的，为什么别人家的小孩就是学得比自家小孩要好呢？为了深入研究这些早期的环境如何塑造人类的语言大脑，神经科学家们开展了很多研究。

　　考虑到正常婴儿早期接受语言培养的途径，包括耳朵听到的声音语言和眼睛看到的可视性语言，为了排除听觉上的语言干扰，神经科学家特地选择了一批从出生就失去了听力的婴儿来进行研究（这就是简单的"控制变量法"）。

　　这些先天性耳聋的婴儿的早期语言学习，只能通过眼睛看到的"可视性语言"，即手势和动作来进行。研究人员观察到，如果在先天性耳聋婴儿出生后第 7个月才开始跟他们进行手语交流，那么他们长大后，手语的词汇量和丰富度都远远比不上那些更早就开始接触手语交流的婴儿。在先天性耳聋婴儿出生后，大人们越早、越积极地跟婴儿进行手语互动，婴儿越有机会跟着"手舞足蹈"，开始用手势来表达自己，而且后期使用手语的时候还会擅长用更多词汇。

聪明人在用的大脑使用书

看来，人类大脑学习语言，是有一个**"黄金时期"**的。这种早期语言环境对大脑的塑造，其实在婴儿4个月（甚至更早）的时候就开始了，在此之后，环境中的语言"质量"，会影响婴儿一生。

我们能从中得到几个启发。首先，建立良好的语言学习环境需要趁早。一项针对移民美国的华人群体的研究发现，移民群体抵达美国时的年龄越小（最好在7岁之前），他们后天的英语能力就会越接近当地人。其次，环境中的语言词汇丰富度和语言逻辑也很关键，要摒弃对婴儿讲"婴语"的习惯。如果大人习惯教婴儿一些简单的词汇和没有任何逻辑的句子，就相当于在婴儿大脑发育的关键期给他们植入了"低级芯片"，对他们后期语言能力的发展有害无益。最后，研究发现，婴儿在出生后4个月左右，就已经具有辨别不同音素的能力了。别看很多地区的人说话总是带有地方口音（比如"n""l"不分），但他们在大脑发育早期，是完全可以辨别这些音素的。无奈环境力量太过强大，从小到大浸染在地方语言环境中，他们的大脑形成了"地方特色"的语言神经环路。

除了语言学习，大脑其他功能的发展，同样具有发育关键时期。临床上，医生们观察到很多视觉发育异常疾病（如近视、弱视和斜视等），都与孩子在大脑的视觉发育关键期没有得到良好干预有关，如果家长能够在孩子的视觉发育关键期发现问题并早期纠正，以上问题大多可以避免。

有意思的是，如果这些视力问题并没有出现在视觉发育关键期，且得到及时妥善的治疗后症状好转，他们受损的视力很容易就能完全恢复，而且相关脑区的结构也能保持正常。比如，有些孩子从小的用眼习惯就很好，而且视力发育一直正常，只是长大以后偶然因为细菌感染得了沙眼症，出现短暂的视力受损，那么他们在得到妥善治疗后通常可以完全恢复视力。因为他们在大脑视觉发育关键期已经打好了"根基"。

你可能要问了，文章通篇都在提"大脑发育关键期"，"关键期"到底具体是哪个时期呢？神经科学家无法给出确切的数字，因为科学家们观察到，不同物种、不同人群，甚至学习不同能力的发育关键期都不一样。我们目前只知道：动物的很多行为都具有特定的大脑发育关键期，这个时期内的行为习得能力很容易受环境影响，一旦机体错过了该时期，后期将很难重新建立起调控该项行为的突触❶连接和神经环路。

---

❶ 突触：神经元之间或者神经元与效应器细胞之间相互接触并传递信号的部位。

所以，莉亚没有像城里的孩子一样在早期接受良好的英语启蒙，即使她现在后天再努力做题、拼命练习，还是很难做到像其他同学讲英文那样自然。

再具体一点，这种大脑发育关键期为何如此关键？主要与什么有关？

神经解剖学家们做了猴子实验，统计了猴子从出生到二十岁时期，每一年龄阶段的大脑皮层不同脑区的神经突触数量。结果发现，猴子大脑中的神经突触，在其 2~4 月大的时候增长得最快。这个猴子大脑的 2~4 月龄的突触高速增长期，跟我们前面观察到的很多人类特定行为的发育关键窗口期接近，这提示我们，大脑的发育关键期，也许跟神经突触的增长有关。

对大脑发育关键期的研究，虽然还在热烈开展中，但是我们已经能从目前的发现中意识到，对孩子的早期教育和行为引导，就像是你以为花儿是在春天才开放，但其实它的种子可能在上一个寒冬便已经悄悄在土壤中发芽了。因此，大人们要努力做好人类幼崽的典范。

2.3

青春期"风暴"
——突触修剪

很少有人可以从童年顺利切换到成年，而不发生点"事故"的。

在"成长为一个大人"这条路上，莉亚走过一段叫作**"青春期"**的泥巴路。无论是莉亚的爸爸妈妈，还是她本人，都觉得那段时期混乱极了。

不过，好消息是：莉亚成功完成了这一步跨越。

你现在要是问她，"如果时光可以倒流，你还愿意在青春期的时候做这么疯狂叛逆的事情吗？"

莉亚还是会说她愿意。

青春期虽然混乱，但这不是莉亚自己的大脑可以控制的，我们在青春期中跌跌撞撞的成长经历，也许跟我们的大脑发育有关。

我们的大脑不是生来就这么好用的，它也需要走一些弯路，才能实现神经系统的升级。从我们还在妈妈肚子里面的时候，我们的大脑就开始发育了，由一个细胞变成两个细胞，两个细胞分裂成四个，四个分裂成八个……到我们出生时，我们的大脑便有了超过十亿个神经细胞。这些神经细胞之间还会排列组合，形成上万亿个神经突触连接，为我们开启人生之旅提供结构和功能基础。

所以老一辈的神经科学家们认为，大脑的神经细胞和神经突触越多，人的学习能力就会越强。然而这个理论很快就站不住脚了，自然界中许多动物的大脑都比人类的大得多，可不见得它们就比人类更善于学习，你说是不是？

所以，咱们只能自己跟自己比，一个人在不同年龄阶段的大脑大小，的确可以反映他当下的认知水平。比如，人在年老的时候，大脑会萎缩，大脑体积会缩小，人的认知水平和学习能力也会下降。

那你知道，在我们的一生中，什么时期的大脑最大吗？没错，是在青春期的时候。无论是男性脑还是女性脑，其重量都会在15~20岁时达到巅峰。

可是很多人的大脑在20岁之前，光"涨重量"而顾不上"抓质量"。许多研究发现，人类大脑神经环路在20岁之前都还不成熟，尤其是前额叶皮质（重要的决策执行处理脑区）以及负责情绪管理的杏仁核之间的神经"桥梁"，根本还没被完整地搭建起来。所以，人在20岁之前的大脑，是很难处理好情绪和决策之间的平衡的。

可以想象：一个还在父母羽翼之下的儿童，在进入了中学后，不再有人接送上学了，作业没人监督完成了，身边的诱惑增多了，同时也隐隐约约感觉到同学之间是有"差距"的了。加之父母可能也还没调整过来他们的角色，依旧想在方方面面都"掌握"孩子，少年少女的反叛精神一下就被点燃了，父母和老师越严令禁止的东西，他们就越要去触碰。

青春期少年会对新鲜事物充满好奇心，香烟、酒精和恋爱每一样都在攻击着他们大脑的"弱点"——尚未发育成熟的前额叶皮质-中脑奖赏环路系统。只需要很低剂量的"诱惑"，就能迅速让青春期的大脑获得很强的兴奋感。

激素也在这个时期加入了这场"混战"。青春期大脑的肾上腺素、性激素和生长激素像决堤的洪水一样涌出，我们会在这段时期很快长高，男生和女生的身体也出现了不同的变化，激素与激素之间也会产生连锁反应，作用于大脑的边缘系统和中缝核等脑区，让青春期的大脑变得警醒。所以这个年龄阶段的人很能熬夜，喜欢晚睡，生物钟混乱。

前额叶还未发育成熟，导致青少年们很容易在情绪不稳定、激素不稳定的时候做出不理智的决定。因为未成熟的前额叶还没有办法很好地处理大脑信息，也还没有办法调动以往的经验来参与决策（毕竟我们还没积累多少人生经历）。而且，这些冒险行为会在同辈的煽风点火下、父母长辈的极力反对下显得"更刺激了"，青少年们的虚荣心在众人的"注视"下得到了满足。

还好，大脑自己也感觉到"事情可能要失控了"，于是它开始"整顿门户"，淘汰一些只会惹麻烦的神经细胞和神经突触。就像我们种果树一样，修剪掉一些枝丫，好让剩下的枝叶获得更多的阳光和营养。这次"整顿"的力度很大，研究显示青春期大脑会清除掉近40%的神经突触，好让保存下来的神经细胞更加"高效专注地"执行指令。

所以突然有一天，我们发现自己"长大了"，意识到自己应当承担起对自己和对家人的责任，不应该随心所欲追求刺激，而是要专注学习。恭喜你，你的大脑完成了一次系统升级。

我们的大脑在青春期中的每一次尝试，都在推动大脑的系统升级，都在帮助塑造一个"大人脑"。所以这篇文章不是为了告诉莉亚她在青春叛逆期时做的事情多么愚蠢可笑，也不是从成年人的所谓"上帝视角"来点评一个青少年多么莽撞无知，只要不是做出触碰法律以及危害人身安全的行为，青少年的很多"疯狂行为"并没有绝对的对与错。

既然没有所谓的"对与错"，那家长和老师在与青少年相处的时候就应该调整自己的心态，别用自己的人生经验来教训下一代，也别把自己的价值观强加给孩子。青春期少年不是"笨"，也不是什么危险分子，他们只是需要一点时间来"修剪"自己的大脑枝叶而已。

比孩子们正在经历的青春期更危险的，其实是家长和老师们对他们的"偏见"。如果我们一开始就认定青少年是"没有责任心"的群体，那么他们的大脑前额叶皮质就会一直处于亢奋状态，兴奋的前额叶皮质会进一步推动青少年做出冒险行为。

如果咱们真的想"操纵"一下他们的思想，就应该抓住他们这个阶段的"弱点"。青少年大脑喜欢追求奖赏、想吸引人的注意、喜欢刺激和挑战，那家长就应该多关注他们的需求且给出正面回应，表扬他们的成长和进步，与他们一起设定学习和成长目标，并且陪伴他们一起攻克挑战。

2.4 大脑的老年期
——延缓大脑衰老

莉亚的外婆昨天打电话来，说家里的大南瓜熟了，问莉亚什么时候回家，"我们小莉亚小时候可爱吃外婆做的南瓜饼了"。

莉亚的外婆前阵子刚被诊断为阿尔茨海默病早期。

外婆真的老了，走路干活都没有以前利索了。莉亚每次回去看她的时候，她总爱拉着莉亚的手唠叨个不停，说莉亚小时候的事情，说她和外公的往事，聊着聊着就忘了灶上正炖着的汤。

莉亚在医院见过很多患阿尔茨海默病的老人，也经常有患者家属问她："人为什么会得阿尔茨海默病呀？这个病能治好吗？"

尽管现在对阿尔茨海默病的研究很多，但是答案真的很令人沮丧，莉亚只能回答："阿尔茨海默病是常见的与大脑衰老有关的疾病，目前医学上还没有十分有效的治疗方法，我们能做的只有提早预防保健，以及积极延缓病情进展。"

你若问一个研究大脑衰老的科学家，大脑衰老是什么样子的？他可以用一句话回答你："大脑衰老最明显的特征就是大脑皮层会萎缩变小。"

2024 年，美国宾夕法尼亚大学的人工智能与生物影像团队发布了一项关于大脑衰老的重大研究：团队内的研究人员收集了近五万名志愿者的大脑数据，结合他们的深度学习分析模型，旨在探究人类衰老时大脑的具体改变，以及相应的致衰因素。他们最终按照大脑结构萎缩的位置不同，将人的大脑衰老形式划分为好几种类型。比如说，有人大脑变老的症状是思考能力和记忆力变差了，有人是发现手脚变得不利索了，有人是觉得自己的精力大不如前了……不同衰老形式可能会对应不同脑区的皮质结构萎缩现象。

研究人员还总结了导致大脑衰老的几大危险因素：**致病基因**的出现、大脑内**蛋白的病理性聚集**（阿尔茨海默病的病理特征就是大脑内出现 Tau 蛋白的异常沉积聚集）、**精神疾病**的发生、吸烟喝酒等**不良生活习惯**等。

这个研究发现并不出人意料，我们平时早已听过这样不痛不痒的保健宣传话语很多次了："想要延缓大脑衰老，在生活中就要注意戒烟戒酒、优生优育、心情愉快、心境平和。"

所以莉亚知道，这样的话不管说多少遍，别人都不会买她的账，这种常识用不着医生来教。

不过我们也不要这么悲观，虽然大家都会变老，但是不同人大脑老去的速度是不同的。我们甚至经常看到白发苍苍的老人转动起脑筋来比年轻人快多了。就跟我们经常会攀比谁的皮肤和身材保养得更好一样，我们的大脑之间也难免会"互相攀比"，产生**大脑妒羡**。

神经科学家决定重新定义大脑的"年龄"。他们认为，每个人的大脑年龄跟自身的生物年龄是存在一定"时间差"的，有的人年纪轻轻，思维和行动却表现得"一把年纪了"，说明他的大脑与身体的"时差"太大了。

那么大脑与身体的"时差"跟什么有关呢？

柏林洪堡大学精神科学团队于2022年开展了一项脑衰老研究，研究人员先利用英国生物库里面的三万多例脑磁共振数据来初步建立起一个可以评估大脑年龄的人工智能模型（简单概括一下就是，根据人的大脑灰质和白质的大小和萎缩程度来判断大脑的"岁数"），再把这个模型套用到他们线下招募的335名老人的脑扫描结果统计中，将得到的"大脑年龄"与志愿者们的真实年龄进行比较，最后算出每个人的大脑年龄与实际年龄的"时差"。

再结合对志愿者的问卷调查，研究人员发现，**大脑时差越大**（即大脑年龄比实际年龄要大）的人，除了部分存在大脑外伤史和精神疾病史，大多数人的受教育水平和家庭收入都比大脑时差小的人更低。我们不得不怀疑大脑衰老是一种"穷人病"。

大脑时差不仅可以用来衡量我们的大脑活力，还可以用来预测我们大脑退化的速度。2021 年，顶级医学杂志《柳叶刀》上有篇文章着重介绍了大脑时差作为人脑健康评估以及疾病诊断和治疗指标的重要性，许多研究都发现大脑时差越大的人，患上精神分裂症、阿尔茨海默病、帕金森病等的概率也会越高。

临床医生可以根据患者的大脑时差值来帮助诊断早期病情，实现对神经退行性疾病的早发现、早诊断和早治疗。

我们真的需要行动起来，跟大脑的时钟赛跑，积极调整自己的生活方式。吸烟、喝酒、熬夜和蹦迪，其实一点都不酷，不如培养一些健康的生活习惯。

可以试试冥想！许多研究惊喜地发现，有规律冥想习惯的人的大脑年龄可以比其实际年龄年轻 7.5 岁！脑科学家们解释说，人在冥想过程中，大脑的神经突触和神经连接会进行活跃的再生，脑细胞的死亡会被延缓，同时大脑会由交感兴奋模式切换成副交感兴奋模式，这意味着咱们体内的端粒酶会被激活，从而帮助身体抵抗大脑的退行性病变。

如果你觉得冥想太无聊了，不符合自己的气质，那你也可以试试学习一门乐器。德国一项研究发现，老年人多练习弹奏乐器可以帮助大脑年轻 4.5 岁。不过需要注意的是，这只适用于非专业的音乐演奏者，因为研究还发现，老了以后仍弹奏乐器对于音乐家来说，可不是能帮助锻炼大脑的好办法，反而是一种"压力"，会让大脑衰老得更快。

此外，研究发现接受教育以及进行身体锻炼也能帮助延缓大脑衰老，所以我们也可以选择去上老年大学，或者每天晚饭后去广场跳舞。

　　不管是出于让自己的大脑更健康的目的，还是想争口气不被同龄人比下去，咱们都得好好保养大脑，毕竟老了跟那群老家伙一起打麻将可不能输。

第 **3** 章

让大脑保持
活力

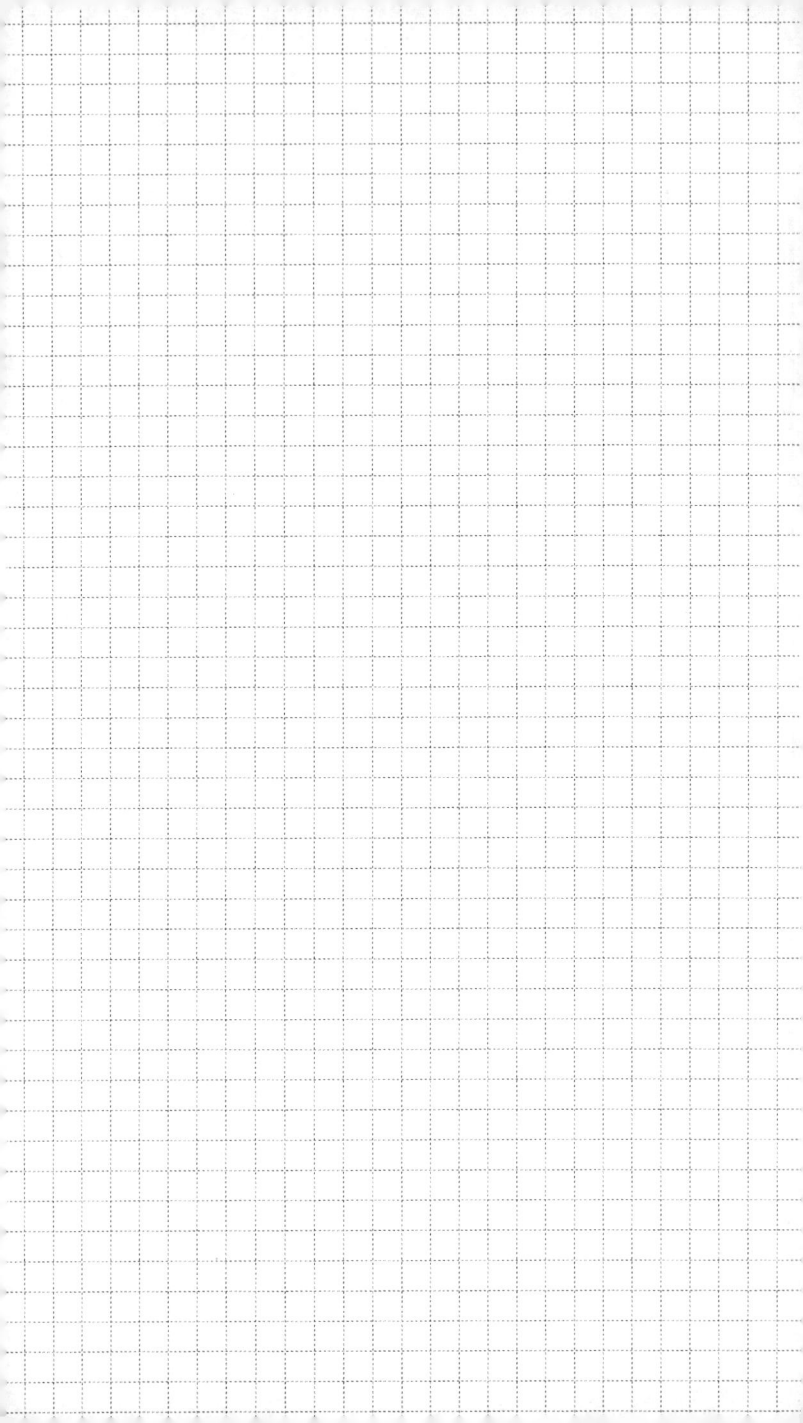

3.1 食物与大脑
——真能"吃啥补啥"吗

一天的辛苦工作结束，莉亚来到了一家很棒的美式餐厅，拿起桌上的菜单摩拳擦掌，准备狠狠地吃一顿放纵餐犒劳一下自己，突然听到邻桌一位男士正在豪迈地跟服务员说："麻烦帮我点一份豪华汉堡炸鸡套餐，外加一份大份的薯条！"

莉亚回头看了一眼这位大哥，是一位体形壮硕的重量级男士，其实用刻薄一点的话来说，是一位油光满面、满脸横肉、行动笨拙的肥胖男士。

莉亚瞬间失去了胃口，她放下菜单走出了那家餐厅，决定今晚还是回家自己下厨做点清爽的食物吃好了。

是什么影响了莉亚的食物选择行为？莉亚的大脑发生了什么变化？

且不看存在进食障碍或者大脑疾病的人群，我们先从健康人群开始研究，来看看在健康人群体中，那些喜欢高热量饮食和非高热量饮食的人，大脑活动有什么不同。

2022 年，法国雷恩营养代谢和肿瘤研究中心发表了一项研究，研究了那些喜欢西式饮食（高热量、高盐、高糖、高脂肪食物）的人，与喜欢清淡饮食的人相比，在选择食物方面的精神心理和大脑反应的活动差异。值得注意的是，这项研究选择的研究对象都是体重和体型都正常的女性，因此我们可以排除掉许多其他身体方面的影响因素，更好地关注她们的大脑在食物抉择上的活动。

这项研究的结果表明，对于健康人群而言，个体的饮食特征与大脑的**奖赏和动机系统**的调节有关。通过检测不同饮食爱好者的大脑活动，科学家发现喜欢吃高热量食物的人，大脑奖赏环路与额叶区域的连接性会更低，这将有可能影响后续的皮质–纹状体控制系统。

我们的额叶负责着日常生活中许多高级的认知和决策任务，包括对大脑奖赏系统活动的"监视"。所以，如果额叶与奖赏系统的连接性降低，我们会更有可能做出一些不太理智的行为。

而莉亚在看到餐厅内的肥胖食客后，转而选择了健康饮食，是因为她的额叶在当下给她的奖赏环路泼了一盆冷水，大脑告诉她："我知道你很想用高热量食物来奖励自己，但是请你冷静，高热量食物会让你变成像这位大哥一样不健康的状态，你确定真的需要用汉堡来奖励自己吗？也许一顿精致的健康食物会是更好的选择哟。"

更特别的是，研究人员在实验中还对比了人在面对吸引力相似的食物选择（比如是选择吃汉堡还是吃炸鸡），与吸引力不同的食物选择（例如是吃汉堡还是吃轻食沙拉）时，大脑的决策力是否也在经历不同程度的"挑战"。

结果是：人们需要花费更长的思考时间，才能在两种吸引力相似的食物之间做出选择。这倒是给了男性朋友们一些启发，如果以后你想问女生要吃什么，记得别把两种高热量食物放在一起给对方选择。

尽管是在健康人身上做的研究，但研究者还是发现了一些潜在的问题，比如只喜欢吃高糖（但不含脂肪）食物的人，会更容易陷入暴饮暴食。科学家通过大脑功能性磁共振成像观察到，这类人的味觉皮层和与动机相关脑区的代谢活动受到了影响；而对所有高糖、高脂肪、高热量食物无差别摄入的人，他们的饮食行为更容易影响大脑中与情绪性进食相关脑区的活动。

所以我们可以从中得到一些启发。一方面，即使要控制饮食，也记得不要对脂肪类食物严防死守。优质脂肪可以在一定程度上帮助稳定食欲，避免暴饮暴食；另一方面，如果发现自己突然对一切高热量食物都有了强烈的摄入欲望，一定要尽快排查自己的情绪是否出了问题，询问自己：这些食物真的能够给我带来安慰吗？

近年来，脑科学家把更多目光聚焦在了**"大脑-肠道轴线"**（简称"脑肠轴"）上，认为人类的肠道与大脑存在密切的神经调控关系，有人甚至把肠道叫作人类的"另一个大脑"。

食物被我们吃进肚子后，在我们的消化道中通行，来到了肠道。以往，医学上认为肠道处理食物的机制无非是两个方面：一是通过自身的收缩和蠕动来推动食物的行进，帮助排泄；二是肠道内的不同菌群也在"各显神通"，针对性地消化不同食物，并把营养成分分解成更易吸收的分子传送给血管，以供养全身。

"脑肠轴"的概念把食物和大脑的关系拉到了更高的层次。食物会影响我们肠道中定植的菌群的种类和比例，进而影响整体的食物分解结果，而这将会和肠道中两种与代谢有关的激素连接，这两种激素分别是生长激素释放肽和瘦素，俗称饥饿激素和饱腹激素。

如果我们吃的东西并不是那么"受肠道菌群喜欢"，它们就会闹情绪，肠道内的饥饿或饱腹激素随之被"牵动"，大脑收到的信息就是——"这个食物我吃得很不满意，一点饱腹感都没有，我一定要吃到心满意足为止！"于是一场不受控制的饮食行为便开始了。

所以，我们要吃肠道菌群"喜欢"的食物，我们的肠道菌群喜欢原始的食物，而不是精制加工食品。

关于食物，我还有一个角色想要隆重介绍，那就是**多巴胺**。我想大家对多巴胺应该很熟悉了，我身边的人总爱说："吃甜食会促使大脑的多巴胺释放，会使人感觉到快乐。"

多巴胺的确容易受甜食的刺激而大量释放。2019年有一项研究发现，人们喝进去一杯香甜的奶昔后，大脑会经历两轮多巴胺高潮。所以，吃甜的不仅会带来快乐，还是两轮快乐呢！人们不仅在喝下奶昔时即刻感觉到了快乐，在 15 分钟后，奶昔到达肠道时，还会迎来第二轮颅内高潮。有趣的是，在另一项研究中，研究人员偷偷把奶昔替换成了低热量的"健康奶昔"，受试者在不知情的情况下喝下了这杯"健康奶昔"后，体内的饥饿激素水平反而下降得更明显（说明他们饱腹感更强烈了）。我们大脑真的很容易"上当受骗"，即使我们"骗"大脑说自己正在摄入甜食（但实际上并没有），大脑也会很开心地释放多巴胺。

我不由想到了网络上一些有趣的食物测试，家长为了哄骗小孩子多吃饭，专门把家常菜装进外卖盒子里，骗他们说这是外卖，小孩子也会吃得心满意足。假的外卖所带给孩子的，何尝不是一种真正的快乐呢？

3.2 睡眠与大脑
——影响比你想象中大

我还在医学院读书的时候，同学之间总爱说一句话："晚起毁半日，早起傻一天。"

早上八点钟的课堂上，巡课老师在后排悄悄观察，整个教室的后排没有一双睁得开的眼睛，老师随便抽查提问，发现这群瞌睡虫加在一起都凑不出一个脑子来。反观教室前排的学霸区，"卷王"们踊跃举手回答问题，目光炯炯有神，回答问题时条理清晰、逻辑严密。

瞌睡区的同学和学霸区的同学相比，大脑差距这么大吗？当然不是。

这群能坐在医学院课堂上的大学生，都是经历过高考选拔，且打败了千军万马，最终靠着高分被选中进入医学院就读的人。因此，客观上来说，同一个班级内学生的智力水平应该差距不会很大，可是为什么他们在课堂上的表现差距悬殊呢？因为他们的大脑存在"时差"。

我们的身体，尤其是大脑，是有自己的**昼夜节律**的。脑科学家曾经做过一项为期 30 天的人体实验，该实验通过剥夺人的时间判断来打乱他们的时间，以研究人在失去时间感后的大脑睡眠和觉醒节律变化。

实验结果令人惊讶，在可以正常感知外界时间的情况下，受试者平均每天睡眠 8 小时，清醒 16 小时；而如果他们被放到了没有白天黑夜的环境下，睡眠–清醒节奏会立刻变得杂乱无章，有时"他们的一天"❶ 只睡 4 小时，清醒 12 小时，有时能睡 12 小时，清醒 16 小时。发现没有，正常人一日只有 24 小时，而被剥夺了时间感的人一日可能只有 16 小时，也可能长达 28 小时。

幸运的是，当人们又重新恢复正常生活后，他们的睡眠–清醒周期很快又会恢复到初始状态。可见，我们的大脑是有规律的生物钟的，大脑会通过接收外界的"时间"信息来调整自己的觉醒状态，什么时候该入睡，什么时候该起床，大脑自有判断。

而这个"高级时钟"的角色，主要由位于大脑内的

---

❶ 脑科学家将一个睡眠–清醒周期视为一个"实验日"。

视交叉❶结构担任。每天早上天亮，我们的视网膜细胞便会接收到窗外环境光的刺激，该光照刺激会转化为电信号进入大脑，将大脑唤醒；夜幕降临时，我们的眼睛会告诉大脑，该睡觉了。

为了监测大脑是清醒的还是困倦的，脑科学家发明了一种叫作脑电描记法❷的方法。根据记录到的脑电活动，科学家将人的**睡眠周期**分为五个阶段：清醒期、非快速动眼Ⅰ期、非快速动眼Ⅱ期、深度睡眠期，以及快速眼动期。每次睡着，我们都会在这五个阶段中循环。每个睡眠周期约为90分钟，如果我们在一个睡眠周期中（尤其是深度睡眠阶段）被唤醒了，我们的大脑会很不高兴，发脾气不肯工作。

最明显的一个大脑因为睡不好而不高兴的例子就是，咱们午睡的时候没把握好，刚好在进入深度睡眠的时候就被迫起来继续工作了，整个下午我们都会很难

---

❶ 视交叉，为视神经到视束间的一长方形的神经纤维块，是两侧视神经交叉处，大致位于下丘脑底部前方。来自双眼视网膜鼻侧半的视神经纤维在此交叉至对侧。视交叉与视觉信号传导、生物节律等功能密切相关。

❷ 脑电描记法（electroencephalography，EEG），是脑科学和神经医学研究工作中常见的大脑电活动记录技术，在头皮特定的位置贴上记录电极，便能记录该头皮下一定范围的大脑活动信号。

受，感觉浑身疲倦，思维卡壳。

因此，睡眠学家建议我们每次夜晚睡觉时长都以一个睡眠周期的整倍数来计算，而且最推荐的是每天睡满 5 个睡眠周期（即 90 分钟的 5 倍）。如果要午休，则尽量控制在 30 分钟左右，避免进入深度睡眠期，有了这个知识基础，我们便能理解生活中的很多现象以及回答很多问题。

人一天的最佳睡眠时间是几点到几点？我们一天的最佳睡眠时间应该跟着我们所生活地区的日升日落规律来，天亮自然醒，天黑了就要去休息。我们眼睛中的视网膜会将光照信息传送给大脑，大脑的"睡眠中枢"会根据环境中的光照信息来判断时间，并且做出"睡觉还是继续工作"的决定。我们需要听从大脑的指示，如果我们非要在夜晚赖着不睡，玩手机、打游戏，大脑就会很不高兴，说罢工就罢工。

远离赤道地区的许多国家，会实行夏令时和冬令时❶。起初这是学者以提高经济水平为目的而提出的举措，但从脑科学角度来看，这不失为一种更好地利用

❶ 夏令时与冬令时：许多中高纬度国家为了充分利用太阳光照来节约能源、提高生产力，选择在每年的春季将时间调快一小时，而在每年的秋季将时间调慢一小时，不同国家具体的调整日期不同。

大脑的办法。

我们的大脑是一直在工作的，只是在我们白天活动时和夜晚睡觉时，大脑会发生不同脑区和工作任务的交接和变更而已。白天，大脑适合挑战高难度、高耗能工作，此时大脑需要调动很多身体的能量物质来维持高效运转，所以我们应该将重要且艰难的工作放在白天进行。夜晚，大脑会暂停思考学习和工作上的难题，转而去整理这一天学到的新知识以及去清理白天产生的"大脑垃圾"，降低能耗，为第二天的高效运转做准备。因此，我们应尽量停下我们的身体活动，把"大脑交还给大脑"，咱们只管去睡觉，让大脑自主工作。很多时候你甚至会惊喜地发现，一顿高质量睡眠过后，自己反而把知识记得更牢固了。

如何提高睡眠质量？

大脑是对光线变化非常敏感的，因此，要想快速进入睡眠以及提高睡眠质量，我们可以利用这个特点：①调低卧室的灯光，在睡觉之前放下手里的电子产品；②给卧室换上遮光能力强的窗帘，用深色的床上用品，如果第二天醒来后想要快速变精神，也要记得赶紧打开卧室窗帘让阳光进来；③如果你正处在工作和学习的攻坚阶段，也不要对睡觉心存愧疚，请记住，即使是在我们睡觉的时候，大脑也会继续工作，尽管去睡，睡醒会记得更牢，学得更好；④白天学习的时候不必强求当时就把知识点完全记住，尽量多读多看，多让知识进入脑子，睡觉的时候可能咱们的脑子会"突然开窍"，就能够建立起知识体系了。

3.3 运动与大脑——运动能给大脑提供"力量"

莉亚觉得自己比不上这座城市中央商务区写字楼的白领们的最主要原因在于：精力不够，自制力不强。莉亚怎么也不能理解，大家都是打工人，怎么那群人可以做到早上五点起床去健身房，再精力充沛地过来上班，而且大脑还如此高效运转呢？

根据"打工人能量守恒定律"，早起去完健身房的人，应该剩不下什么力气来思考工作了吧？运动到底有什么魔力，能够让大脑甘于挥霍来之不易的身体能量？

神经解剖学家以往研究大脑与肌肉运动之间的关系时，是把大脑放在主导地位的。大脑中有个区域，叫作运动皮层，顾名思义，运动皮层是指挥肌肉运动的"司令员"，里面有成群的运动神经元，每个运动神经元都可以发出长长的"触角"伸到身体大大小小的肌肉里去，每个接触点都是一个神经-肌肉接头。

大脑想要某块肌肉"动起来"的时候，它就往这条运动神经通路发送信号，信号会沿着运动神经线路到达神经–肌肉接头。神经–肌肉接头就像是以前的工人码头一样，聚集着许多来"干苦力"的工人，只要大脑一声令下，"码头工人"就会使出吃奶的劲儿来把肌肉往中间收紧，帮助肌肉进行收缩运动。

可是在神经生物学的认识中，大脑神经元向次级肌肉发布信息的方向是有严格**"等级制度"**的，神经–肌肉接头只能实现单方向的信号传递，肌肉不能反过来"命令大脑"。肌肉运动要想反过来影响大脑，任务艰巨，道阻且长。所以神经科学家们发现的运动与大脑的联系，也大多是间接的。

我们可以设计一个大脑实验，招募一群身体素质和智力相当的志愿者，制订一套短期训练计划，要求一部分志愿者严格执行这套运动计划，而另一部分志愿者无须运动，实验期间严格控制运动组和不运动组的饮食、睡眠，确保两组其他条件保持一致。经过一段时间的训练后，研究人员对志愿者进行大脑影像学扫描、脑电记录，以及相关的大脑认知功能测试。

利用这样的研究方法，目前我们已经找到了很多肌肉运动可能会给大脑带来的变化。有氧运动可以增大人脑的海马体结构，海马体与大脑的执行记忆活动有关。有规律地进行有氧训练的人，能够更好地进行联想记忆。比如，他们在遇到一张熟悉的面孔时，不仅能够迅速记起这个人的容貌和姓名，还能很快回忆起他们跟这个人过去的谈话内容和相处场景。运动对海马体的重塑还体现在大脑处理任务的表现上，有氧运动者具备更强的任务精准度，而不是单纯追求更快的任务处理速度，而在大脑认知能力的衡量中，精准度是比速度更可靠的衡量指标。

有氧运动能刺激大脑产生更大的任务相关电位波幅。这是一种跟大脑的专注力把控、错误评估和控制有关的脑电指标，经过有氧训练的青少年大脑，具备更强的专注力和错误把控力。

一项研究要求志愿者坚持执行一个长达 6 个月、每周进行 3 次有氧运动的锻炼计划。志愿者的脑功能成像提示，训练后的大脑前额叶和外侧叶皮质都具有更强的神经活性，而这部分脑区对应的是大脑对冲突的处理和选择性注意的功能。这说明，有氧运动能够增强大脑在面对冲突和矛盾性决策时的应对能力。

类似的大脑研究有很多，运动似乎能够在方方面面提升大脑的表现，精英人士的圈子里总说"健身如健脑"，此话不假。

其实这节的内容写到这里就可以结束了，结论就是："健身真的对脑子很有用，大家快动起来吧！"

"道理我们都懂，可是就是动不起来呀！"我们的大脑在生理上具备了调控肌肉收缩运动的功能，而理论上也证实了运动对大脑的认知有提升作用，可是我们与自律精英的差距到底在哪儿呢？差别在于他们懂得自己"鼓励"自己的大脑。

那么，怎样才能"逼迫"我们的大脑去命令肌肉运动呢？

第一步，如果你看到了这里，这项鼓励大脑健身的计划已经完成了重要的一步：在意识里种下种子，让大脑知道了运动是对它有利的事情。

第二步，也是最痛苦的一步，就是开始动起来。万事开头难（其实中间也难，最后也难），咱们需要给大脑一些"甜头"，让它产生**大脑妒羡**。

很多成功坚持健身的人在分享经验时都爱这样说："我开始走入健身房，源于在网上看到了一个跟我身材差不多的人分享的自己健身 3 个月前后的对比照，我被对方的变化震撼到了，于是决定行动起来，既然别人可以 3 个月做到，那我也一定能做到。"

这就是大脑妒羡，不过这个招式有两个要点，一是找的例子要尽量贴近我们本身，二是设定的目标要尽量贴合实际。比如，我们的闺蜜经过日常化的控制饮食和规律运动，在一年之内瘦了 10 斤，精神面貌有了很大的变化，我们会马上被鼓舞到，并且更有可能将运动这件事情长久坚持下去。可你要是拿大明星每天训练 3 小时，15 天暴瘦 30 斤的例子来鼓励自己去运动，恐怕先引发的是大脑的自卑和愤怒吧。

第三步，对大脑循循善诱。运动是长期事业，是促进大脑健康的终身伟业。所以要允许大脑偶尔偷懒，要时时奖赏大脑。我们之前说过，训练大脑的认知力最重要的就是利用大脑的奖赏机制，不要怀疑，我们就是自己的"巴浦洛夫的狗"。

最后一步，关注个人体验。普通人对于自己大脑的能力是很难自我量化的，有人会感觉自己运动之后神清气爽，思路清晰，有人却因练到"走火入魔"而感觉身体被透支，这样还谈何提升大脑呢？虽然科学给大脑的很多能力设定了指标和测试量表，但是我们只需要知道，这是我们自己的大脑实验，一切实验结果以自我感觉到的大脑愉悦程度和身体承受力为主。

3.4 压力与疼痛
——小心处理莫忽视

莉亚最近压力很大，她接连不断地接收患者、安排手术，还要在新一轮的基金申请季来临前把论文数据整理出来，繁杂的事务排山倒海地向莉亚涌来，她时常感觉太阳穴突突地跳，头痛难耐。

莉亚知道，她的大脑在释放**压力信号**了。

她想起医院病房里总是挂着的疼痛等级自我评估量表，那是她作为医生经常要用来评估患者疼痛指数的辅助工具，今天问题问到了她自己头上："莉亚，你到底有多疼？你可以描述一下你的疼痛等级吗？是尚可耐受，还是疼痛难耐？"

莉亚终于发现，这个问题不好回答。痛觉，是一种私人体验，医学界还没有找到办法来客观评估疼痛，因为同样程度的疼痛发生在不同人身上，甚至在同一个人身处不同场景时，感受均不同。

哈佛医学院研究团队曾经对参加过第二次世界大战的前线士兵做过一次调查研究，研究结果显示，虽然前线士兵伤势惨重，但是他们自身感受到的痛觉很低。

为什么很多士兵的伤口惨不忍睹，他们自己却只能感觉到轻度疼痛呢？麻醉学家解释说，因为疼痛的自身体验是可以被**情境塑造**的。士兵们虽然身体受伤，但是获得了离开战场回家的机会，他们心中满怀着"终于可以远离战争，回家与亲人团聚"的喜悦，这种喜悦之情冲淡了受伤带来的身体疼痛。试想一下，假若在和平地区的人因为意外受了同样程度的伤害，他的痛感一定非常强烈。

也许这样说，你可能还是觉得很抽象，不如我们试着从"人体感受痛觉的机制"开始说起吧。当身体受到伤害性刺激后，遍布于身体各处的痛觉感受器会被激活，你可以想象为受伤部位的痛觉感受器被"点亮"并发出"电流"，然后这股"电流"会沿着特定电路逐级向我们的中枢电站传送，到达大脑中的痛觉处理区域。而后，咱们大脑的"痛觉处理办公室"将会判断痛觉的类型、位置和程度，来决定做何种反应。"有经验的大脑"还会调取以往储存的疼痛记忆来作为参考。

因此，我们再来评估疼痛，便有了新的视角。

疼痛是有不同类型的。根据人体痛觉感受器接收到的信息的区别，大脑可以大致区分这种疼痛是急性疼痛还是慢性疼痛，是身体被刀割伤还是被火烫伤，是胸口被撕裂开来般的疼痛还是宛如被绞成一团样的疼痛……

我们如果因为疼痛问题前去就医，医生通常会让你形容一下"你是哪种类型的疼痛？"，因为疼痛类型是帮助医生寻找痛因的重要线索。

大脑还能根据这股"痛觉电流"的输送路线来推断疼痛的起始位置。人体许多体表位置跟内脏位置是共用一段痛觉输送线路的，比如心脏痛的患者会发现胸部和手臂也会跟着一起疼痛，医生如果听到患者抱怨胸部和手臂痛，便会警惕心脏问题。

疼痛的程度虽然是一种主观抽象的体验，但是伤害性刺激的强度和作用位置，依旧会很大程度上影响人的痛觉感受程度。

痛觉不仅是一种简单的生理不适，还会引起焦虑和抑郁情绪。"痛觉电流"到达大脑后，会兵分两路，其中一股"电流"继续走向大脑皮层的躯体感觉区，这个脑区的激活让我们感知到真实的疼痛；另一股"电流"则走向更复杂的传导路线，最终到达前扣带回和岛叶。扣带回和岛叶是主导很多高级认知功能的脑区，如注意力的分配、情绪情感的控制等，当"痛觉电流"输送到这里时，人们的注意力和情绪便会受到影响。所以，许多人常将压力和疼痛联系在一起，因为二者经常伴随出现。

正确面对和处理压力与疼痛，不仅是为了我们的身心健康，还是为了让工作更加专注和高效。莉亚深有体会，处在高压工作环境中的她，经常感觉自己深深陷入了"压力—疼痛—压抑"的连锁困境中，在意识到这只会对她的工作和身体带来坏处后，莉亚很想做出改变。

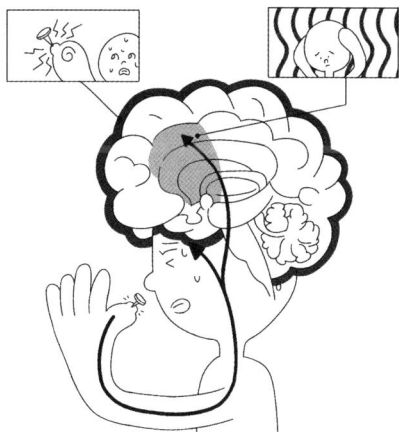

所以问题来了，我们该如何处理疼痛？正确的应对方式是：正视疼痛信号，了解疼痛因何而起。疼痛并不总是坏的，疼痛是较高级的动物才具有的自我保护能力。因为能感知到疼痛，动物才能迅速从危险环境中撤离，保全生命。

所以我们也应该把疼痛视为"我们身体正处于危险中"的信号，一旦出现身体疼痛，我们要迅速判断身体是否遭受了伤害。在真的受到了物理伤害的情况下，动物的本能会促使我们躲开伤害；可是，很少有人意识到压力和抑郁可能也是一种"疼痛信号"，很多人应该经历过工作压力很大时脑袋一直紧绷着，头疼欲裂，可是却没有一种"动物本能"教过我们，要迅速撤离。

压力性疼痛信号实在太抽象、太私人了，科学界没有客观的衡量指标，人们很难描述自己的压力指数，因此总是认为是自己不够好、不够努力。殊不知，此时我们的身体可能正处于崩溃边缘。

所以，如果我们正在遭受压力，感觉很压抑，那就相信这是身体在向我们求助。不要再拿自己的压力去跟别人的进行比较，也不要因此认为自己的抗压能力不如别人，我们要迅速从危险环境中撤离。

我们要找到适合自己的解压方式。身体累了就停下来休息，脑子累了就换种形式来思考，不要让大脑的"疼痛线路"一直活跃。因为大脑处理任务的能力有限，只有尽快清理大脑处理器的内存，才能释放更多工作空间来处理其他任务。

正如疼痛和压力是私人体验一样，解压的方式也是一种有关个人倾向的选择。例如，许多人会选择听音乐来放松自己。世界上很多脑科学实验室都对音乐治疗疼痛的课题感兴趣。起初，研究人员以为音乐对疼痛和压力的缓解效果跟音乐类型有关，比如人们都认为轻音乐或者白噪音更能"治愈心灵"，但结果并非如此。研究人员发现，人们通过听音乐来释放压力、缓解疼痛的过程是有个人偏好的，也就是说，越是听到自己喜欢的音乐，人们对身体疼痛的感知便会降低得越明显。

感知疼痛，是我们身体得到的馈赠；学会与疼痛相处，则是我们大脑一生的课题。

3.5 定期"大扫除"
——冥想的作用

莉亚发现，身边的人不像以前那么拼命了，个个都开始把"佛系""摆烂"和"躺平"挂在嘴边，她心想，那我得趁此机会把他们远远甩在后头！于是莉亚越加拼命工作。终于，经过不懈努力，她崩溃了。而她的"摆烂"同事边抖着脚边喝着咖啡，轻轻松松就把问题解决了。

很多人都不理解，为什么拼命工作的人的收益总是比不上那些看起来很"佛系"的竞争者呢？

一开始大家很喜欢用我们身体内的"劳模"——心脏，来鼓励大家：生命不息，拼搏不止。是这样的，人要活着，身体各个部位想要正常工作，就必须靠心脏的跳动来给身体其他部位泵血。正常人的心脏每分钟需要跳动 60~100 次，咱们可以认为心脏跳动一次的时间约为 1 秒。

但你有所不知，心脏的每一次跳动，都在有计划地"偷懒"。很多人想象中心脏的跳动，应该是整颗心脏紧紧攥在一起把每一滴血液都送出去，实际上心脏有四个腔室（分别为左侧和右侧，每一侧还会上下分隔出心室和心房），负责往身体周围泵血的主要是左心室和右心室（所以在解剖学上，心室的肌肉特别发达），整个心室收缩的过程可能只有短短的 0.3 秒。

这是一道简单的数学题，心脏的一次跳动需要大约 1 秒，而实际心脏往身体其他部位泵血的时长只有 0.3 秒，剩下的 0.7 秒，心脏干什么去了？心脏去给自己"回血"了。在没有拼命泵血的时候，它一方面忙着收集身体回流的血液，另一方面还不忘给自己的血管加点血——总不能只顾着别人，连自己都不管了吧。

那咱们的大脑有没有类似的给自己"回血"的机制呢？

如果莉亚的妈妈在的话，肯定会揪着莉亚的耳朵逼她去睡觉的。睡觉的确是一个能给我们大脑重新赋能的好办法，也是我们人类之所以能生存至今还没"崩溃"的根本原因。

可怕的是，莉亚发现即使强迫自己躺到床上了，她的脑子里还是一团乱麻。躺在床上，她思绪万千，辗转反侧，有时甚至觉得自己的呼吸声都很讨厌。

"不如数一下自己的呼吸吧，就算转移一下注意力也好。"莉亚心想。

于是她把呼气和吸气的动作做得很慢、幅度做得很大，还一边呼吸一边在脑子里默念"呼——吸——呼——吸——呼——吸——"，不一会儿，莉亚便发现自己整个人都放松下来了，脑袋瓜子也不再嗡嗡地响了。

你想看看莉亚的大脑现在是什么样子的吗？

她的杏仁核活动会降低，身体应激反应不再强烈。杏仁核是大脑里的小潘多拉魔盒，主要负责管理情绪，它的存在赋予了人类共情能力，但也经常让我们被情绪绑架。有研究观察到，给志愿者们看一些很消极的图片后，他们的杏仁核脑区会变得活跃，使他们陷入了某种消极情绪中。杏仁核活动还与我们身体的压力应对管理有关，杏仁核兴奋时会分泌很多压力激素（如皮质醇和肾上腺素），促使我们的身体进入"紧急备战状态"。而当我们的大脑彻底放松的时候，杏仁核也会被"安抚"到，它所带来的负面情绪和压力自然也就消失了。

杏仁核的上一级机构——前额叶皮质也会因大脑的放松而获益。前额叶皮质是我们大脑的"执行部门"，负责情绪管理的杏仁核以及其他涉及决策力、注意力以及控制力的"基层脑区"的初级信息，都会上递到前额叶皮质的神经元这里来进行"审核"。科学家们观察到，当身体处于放松状态时，前额叶会"驳回"杏仁核的"情绪化反应"，抑制大脑的负面情绪，避免大脑陷入压力和焦虑中；而且，前额叶还会"鼓励"大脑把注意力转移到别的事物上去。

人在放松时，大脑的海马体也会变得活跃，海马体会更加高效地整理大脑信息，以及形成和巩固大脑记忆。

随着呼吸的深入，莉亚的思绪也飘得更远，她开始想象自己在海边、在森林、在稻田里，身体不自觉地开始随风舒展。

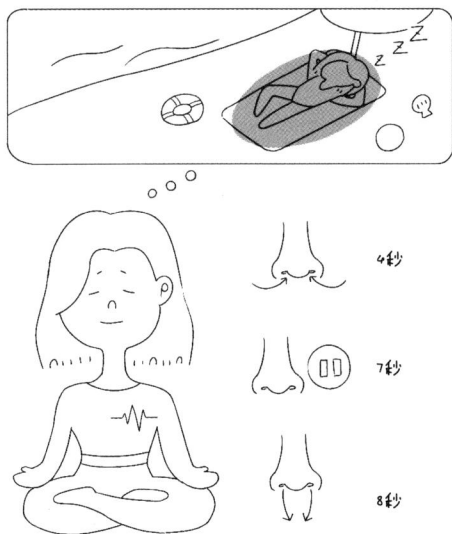

用神经科学家的话来说，莉亚的大脑恢复到了**默认设置**状态。所谓的"默认设置"，是华盛顿大学医学院神经病学家马库斯·E. 赖希勒（Marcus E. Raichle）

在 2001 年提出来的，用于描述人类大脑处于休息状态时的整体状况。研究人员对放松状态的大脑做了静息态脑功能磁共振成像，发现所谓的"默认设置"并非把全脑的活动都"调低"（事实上，大脑在高效运转时和放松时所耗费的能量相差不大），而是进行了"资源重新调配"。大脑能量会以前额叶皮质的背内侧、后扣带回和角回为中心，沿着它们之间的神经连接网络辐射。这样的结果是什么呢？是大脑会开始想象漫游，也就是我们常说的"做白日梦"，这对激发我们大脑的想象力、创造力很有帮助。白日梦有时还能帮助我们跟自己对话，某种程度上这是一种向内投射。

大脑是需要我们精心呵护的，健康的食物和充足的睡眠只不过是解决了这个小家伙的"生理需求"而已。我们要习惯"跟自己的大脑对话"，了解它的精神需求，尤其是在进行繁忙的思维活动时，更要记得偶尔把大脑切换回"默认设置"，让它"回回血"。

所以，现在你知道该怎么做了吗？

给自己放一首没有歌词的舒缓音乐（我比较推荐大自然的声音），把大脑的思绪收回来，把注意力集中在自己的呼吸和肢体感受上。如果你感觉收回注意力很难，可以喊一下自己的名字，想象自己的大脑正在跟身体分离，"我们一起到森林里散散步吧"。

3.6 寻找刺激
——警惕动力耗竭

莉亚感觉自己的大脑好像有个能量开关，一旦开启，就会灵感涌现，充满干劲，不觉疲惫。

每当莉亚努力工作，得到了上级的赞赏时，她内心会感到极其满足，身体就像被加了油一样充满干劲；每次莉亚到健身房摸到了器械，身子热起来了，后面即使有再高难度的训练，她也能扛下来，并乐在其中。

莉亚心想，各行各业成就很高的那些人，似乎都是这样一旦一头扎了进去，就不知疲倦且乐在其中。

天才的脑袋里，肯定也有一个这样的**能量开关**。可是我们该如何摸清这个开关的规律，随时随地调动大脑和身体的能量呢？

大脑作为一个器官，究竟是怎么调节身体的呢？

许多神经科学家倾向于将大脑视为一台计算机，将很多大脑行为理解为机器"接收信号—处理信号—发出指令"的过程，每一种大脑行为都像是一个有专门运行程序的系统，就像咱们之前说的神经-肌肉调节过程那样，体表的感受器（或者是视觉接收到的环境信号）将刺激传入大脑，大脑中与运动调控有关的脑区（比如运动皮层）会根据情况发出活动指令，指令会经由传出神经传到特定的肌肉，"命令"它们行动。

整个信号传递过程就像铺好了线路，大脑的指令像电流一样沿着特定的轨道传送。不同的是，大脑会因为"人生经历"不同，选择性地"供电"给不同的脑区，因而不同的人做出的行为决定有所不同。

可是，大脑不是冰冷的机器，它是一个被滋养在液体中的柔软器官，需要身体提供养分来维持脑细胞的活力，它还能向身体回馈它自己产生的"能量"。那些神经细胞手牵手连起来组成的"神经电线"，只会整天嚷嚷"口号"，真正要干"民生实事"，还得靠穿行于大脑之城的血管和脑脊液循环这些"水路管道"系统。这些水路运输管道和蓄水池，充盈着营养物质，供神经细胞生存，也承载着它们产生的废物垃圾。更重要的是，水路管道还输送着另一种形式的"神经信号"，来实现大脑对身体其他器官的调控。

这种神经信号，就是大脑分泌的**激素**。没错，大脑里面有专门的激素工厂，负责生产激素。这些激素产量少、威力强，会由专人专车按需分配给需要的器官。

我们称其中一条著名的"激素生产线"为"下丘

脑–垂体–肾上腺轴"。这条神经内分泌线很有意思，首先下丘脑会释放刺激垂体工作的"激素爷爷"，垂体接受到刺激后会接着释放刺激肾上腺工作的"激素爸爸"，"激素爸爸"紧接着在肾上腺中繁衍出"激素儿子"们，"激素儿子"虽然辈分小，但是能随时反过来"牵制"他们的"爸爸"和"爷爷"，这种反辈分的牵制力在生理学上叫作神经激素的**负反馈调节**。

许多大名鼎鼎的激素都是由这条线生产的，比如肾上腺素，这种激素能调节人的"战斗力"。当外界危险信号进入大脑，我们的下丘脑会迅速启动，先产生促肾上腺皮质激素释放激素，然后垂体产生促肾上腺皮质激素，最后肾上腺合成肾上腺素。肾上腺素会迅速扩散到身体各个器官发挥作用，比如去催促心脏多泵点血，去调血管的水阀（让更多的血液流到需要战斗的部位，如腿部的肌肉），去加快肺部的呼吸频率。这就是为什么人在察觉到危险的时候会心跳加速、呼吸急促、全身紧绷且随时准备要逃跑了。

此外，心理学方面的研究还发现，肾上腺素会增强人对恐惧体验和负面事件的记忆，如果给一个正在看恐怖电影的人注射肾上腺素，他事后会对电影中的惊悚画面有更深刻的记忆。

与"战士激素"——肾上腺素不同，我们大脑还会生产另一类激素——多巴胺和内啡肽，这是能够让我们感觉到快乐的激素。当我们的大脑产生多巴胺时，我们会心情愉悦、信心增强、行动迅速、思维敏捷，就是看什么都顺眼，干什么都能成。

莉亚从工作中得到的成就感、被赞扬后的愉悦感，甚至是即使工作再难她也能乐在其中的驱使力，很大程度上都得归功于她大脑分泌的多巴胺和内啡肽等快乐激素。

显然，我们的大脑很想要多来一点这样的快乐激素，于是脑科学家给了很多建议来帮助我们增加大脑的多巴胺和内啡肽分泌。

需要注意的是，不要自行服用激素！因为激素的效果很强，非专业人士把握不好用量，而使用不当会破坏整个神经内分泌调节轴的平衡，效果适得其反。

但没关系，我们生活中有很多行为可以帮助我们的大脑多分泌一点快乐激素。

多巴胺像个小孩子，你得像哄小孩儿一样哄着它，你可以告诉大脑："只要今天完成训练任务，就奖励自己吃一个期待已久的蛋糕。"信我，大脑只要一听到这个口头奖励就已经兴奋得不行了，多巴胺神经元"噼里啪啦"就开始放电，鼓励你做完一组深蹲又来一组硬拉。多巴胺爱吃糖，也爱吃高脂食物，如果碰巧是糖油混合物，你的多巴胺神经元更是会兴奋得手舞足蹈，在脑子里狂欢。只可惜，多巴胺能带给大脑的只有片刻的欢愉。当然，片刻的快乐也很重要，毕竟这种体验是会在关键时候拉我们一把的"小战友"。不过，我们需得提醒自己，不要被一时的"蝇头小利"冲昏了头脑。

而内啡肽就比较稳重了，只有行动到达一个"极点"，才能触发内啡肽开关。所以莉亚可能刚迈进健身房的时候还是很不情愿的，要先练上一会儿才能"找到感觉"；可是一旦"感觉来了"，她就会沉浸在持久的成就感中。内啡肽要的是一步一个脚印，积少成多，练得真章，更强调内心世界的更高层次欢愉，这种感觉更真实、更持久，带来的后续驱动力也更强。

而能够玩转自己大脑的人，都善于根据不同神经激素的"脾气"来分配任务。不想学习怎么办？那就先哄一下自己，只要今天完成一项任务就请自己喝一杯！想着想着，多巴胺就屁颠屁颠地来了，我们可以先在多巴胺的帮助下把书翻开，你不用担心多巴胺会渐渐消退，因为很快你就会在学到一个又一个知识点所获得的小小成就感中到达内啡肽的极点，内啡肽会帮助我们真正享受学习的过程。

第 **4** 章

塑造学习型
大脑

4.1

**如何开发
大脑**

为了把莉亚培养成一个小天才，莉亚的爸爸妈妈老早就开始安排起来了。从孕期开始，莉亚的妈妈就坚持听高雅的音乐，强迫莉亚爸爸每天给她朗诵诗歌，势必要让莉亚从还在妈妈肚子里的时候就"抢跑"起来。

莉亚宝宝 6 个月大的时候，母乳都还没断掉，就被妈妈送到早教班里去了，学编程、学乐高、学珠心算，妈妈总说："现在可是儿童大脑发育的关键时期，错过了可就很难追回来啦！"

"据说，咱们普通人的大脑才只被开发了 10%，那些记忆力超强的人，都是因为大脑被开发得更多。"莉亚的妈妈对此深信不疑。

我想，大家对于"人类大脑至今只被开发了 10%"的误解，是源于 20 世纪 70 年代美国心理学家威廉·詹姆斯（William James）的这句话："人类仅仅充分调动了自己身体和精神上的一小部分资源。"

在神经科学刚开始发展的时候，许多科学家们也认为"人类大脑仍有很大部分区域是未被'激活'的",因为他们发现那些发生过脑部损伤的患者经过治疗康复后脑子依旧很灵活！久而久之，大家就把大脑的开发程度与人的认知水平画上了等号，而大脑被开发的程度，又该用什么来衡量呢？

有人提出可以直接比较大脑的大小和重量。那么，脑体积更大的人，会更聪明吗？

有研究者拍摄过同一个人不同年龄段的大脑图像，发现人年轻时候的大脑的确体积更大、形状更加饱满，此时对应的大脑思维更敏捷，学习力和记忆力更好；而衰老的大脑会发生萎缩，记忆力会慢慢衰退。

可科学家们转念一想，比人类的大脑更大的动物大脑多了去了，比如大象和鲸鱼的大脑，难道大象和鲸鱼比咱们人类更聪明吗？用脑体积来衡量大脑的能力实在站不住脚。

又有科学家提出，既然我们可以用大脑细胞的放电活动来监测大脑的活动，那是不是意味着，大脑思维更活跃的人，他们的脑细胞也在更加疯狂地放电呢？很遗憾，不是这样的。虽然我们的大脑无时无刻不在工作，但是大脑是一直在**有规律地"放电"**的。

无论你是天才还是傻瓜，无论你是在绞尽脑汁地攻克难题还是在悠哉游哉地放空思绪，你大脑的所有脑区中的所有细胞都在努力地工作着。在我们有意识或无意识的每一个生命瞬间，大脑里的神经元都在以每秒放电成百上千次的频率工作。

所以，我们所谓的"大脑开发"，不是要去挖掘大脑中的未知结构，也不是要去鞭策"懒惰的神经元群体"加油工作，而是要给大脑提供正确的早期发育环境，并辅以后天的不断强化。

第一，我们要重视大脑的早期发育。每一个生命出生后的早期经历都十分关键，这是个体与环境建立连接的开始时期。在这时，外界环境向大脑输入信息，就像是在给咱们的脑图地标打地基一样，初步铺垫了大脑的神经连接和神经环路的搭建。

人的视力发育就存在大脑的早期发育关键时期（几乎是婴儿一出生便开始了）。此时，父母要是能给婴儿良好的光线暴露（多接触自然光，少看电子产品），就能降低婴儿成年以后出现弱视或近视等视力问题的概率。而且，在婴儿时期获得了良好视觉系统形成环境的人，即使后天经历短暂的视力损伤，也能比别人更好地恢复视力。

人的语言学习也存在早期发育关键期。大约是出生后第 4 个月开始，婴儿的大脑就已经在疯狂学习语言了。此时，家长可以积极地与婴儿进行对话，跟他们说完整的词语和逻辑完整的句子，不要说"婴语"，让大脑的语言功能脑区的搭建从一开始就使用最好的建筑材料。

第二，维持脑力活动的基本条件是良好的睡眠、均衡的营养，以及愉快的心情。大脑非常需要休息，大脑的休息不是停下来偷懒，而是让换班工人出来清理大脑垃圾、整理知识和储存记忆。当你感觉大脑很累的时候，大胆地去睡一觉吧，你会发现一觉醒来，知识点记得更牢固了，一直纠结的问题也可能找到答案。

而且，大脑需要吃很多东西。大脑是人体能量需求最大的器官，一旦吃不饱，它就会直接生气罢工。

第三，多走出大脑的"舒适区"，不要逃避对大脑的训练。大脑变聪明并不是靠无中生有地产生更多脑细胞来工作，而是靠更加合理地安排和分配现有脑细胞进行工作。我们每一次思考难题的时候，都是在推动脑细胞与脑细胞进行"艰难的对话"，一旦我们促成了它们之间的第一次合作，开辟了一条新的神经连接，我们就可能比旁人多一个解决问题的思路。

第四，勤能补拙，对同一个行为进行不断的重复和练习，形成"肌肉记忆"。大脑的能力其实是有限的，只能同时处理少数的任务。比如，我们在开车走陌生路线时，需要边驾驶边看导航，整个过程涉及视觉系统向大脑中枢传入路面情况信号、手机导航向大脑传入行驶建议信息，然后大脑需要结合这些信息进行判断和决策，最后向运动系统传达指令，告诉双手该怎么开车。这样不仅行动缓慢，还很容易出现错误。可是如果我们多走几次这条路，大脑就会形成自己的一套路线经验，缩短决策时间。甚至我们视觉看到的路面信息可以跳过好几个大脑中枢信息处理中心，直接跳转到发出运动指令，实现更高效、更精准的决策与行动。

4.2

智商藏在哪个脑区

莉亚从小就烦家长老是拿她跟别人家的小孩对比：

"邻居家小张的女儿考试又得了班级第一，那孩子学东西又快，知识记得又牢固，真是聪明，莉亚你能不能学学人家？"

"对门老黄的儿子脑子可活了，嘴巴还甜，见到长辈大老远就'叔叔、叔叔'地喊，以后肯定有出息。唉，咱们莉亚的嘴这么笨，可怎么好？"

"咱们家莉亚也聪明，别看她平时闷声不响的，一做起事情来又专心又高效，肯定是个脑子好的小家伙！"

莉亚很困惑："到底怎样才算是一个聪明的人呢？"

她的同学们似乎也有着一样的困惑，于是校园里掀起了一股做智力测试的风潮。"据说爱因斯坦的智商超过130呢，我倒要看看我是不是下一个'爱因斯坦'。"莉亚和同学摩拳擦掌，都想把这套不知道哪个网站传出来的试题考出更高的分数，以证明自己是个"聪明人"。

不仅如此，校园里还流行着各种各样的高智商"鉴定"测试："能够在十秒内找到图片中的小猫的人具有超高智商""据说世界上只有 1% 的聪明人能够在图片中找到五个以上的三角形"……

花样繁多的 IQ 测试题目，巧妙地利用着人们的好奇心和胜负欲，吸引了一大群受众。

只是，IQ 测试的科学性，在学术界是备受质疑的。部分脑科学家认为智商测试是伪科学，因为无论是从数学角度还是事实论证角度来看，IQ 测试的结果都"很没有说服力"。

从数学角度来看，IQ 测试将本质很复杂的大脑思维和认知能力简单归纳为一项测试分数，试图通过评估受试者在面对一些古怪的图片测试题时的反应，来预测他们在现实生活中的表现，实在是牵强。

莉亚就发现，她们班上数学成绩最好的男生，IQ 得分挺高，可是一让他上讲台回答问题，他偏偏表达不清楚，没有人能理解他的思维逻辑。莉亚并不觉得这样的人很聪明。

脑科学如何定义"高智商人群"呢？目前，大家比较接受的定义是：智力，指一个人发现问题和解决问题的能力。一些有着伟大成就的人，如达·芬奇、爱因斯坦，就被认为是智商很高的人。

如果非要赋予"智力"具体化的考察维度，那应该是与大脑认知相关的能力。比如，词汇能力、数学能力、逻辑思维、学习记忆和社交能力等，甚至有些学派还把运动能力和艺术天赋也纳入了智力的考察范围。

脑科学家们很好奇，这些大脑认知能力到底跟什么有关呢？这些认知差异是否可以在大脑解剖结构上得到体现呢？

起初，脑科学家们认为，大脑的认知能力跟大脑的大小有关。通过对比不同物种的大脑大小，并且将大脑大小与动物本身的体型大小进行了数据校正后（我们不能直接拿小猫咪的大脑跟人类的大脑来比较大小，因为双方的体型本身就存在差距），他们发现，那些学习能力和认知水平更高的物种（比如人类和猴子），大脑体积占身体总体积的比例明显更大。

但是这个结论还是不敢下得太早，因为自然界中还有很多动物的大脑相对体积比人类的更大。

不过，大脑体积与智力的相关性可以暂时解释这样一个现象：阿尔茨海默病患者在认知能力下降的同时，会出现不同程度的脑萎缩。

科学家们还发现智力水平不同的同一物种，其负责学习和记忆的脑区大小也有不同。他们对两种山雀群体进行观察，其中一群山雀的"学习能力很强"，知道如何获取食物和储存食物，科学家们对这两种山雀的大脑进行解剖观察后发现，"聪明山雀"的海马体脑区明显占比更大，而海马体是调控大脑记忆力的关键脑区。

那么，在同一物种智力发育的不同时期，他们的大脑结构是否也在变化呢？

神经解剖学家曾经统计过猴子从一出生到 20 岁时，不同脑区的突触数量的变化情况。结果显示，在猴子发育的早期（主要是 2~4 月龄时），大脑的突触数量会有一次迅速增长，随后便出现不同幅度的下降，最终稳定在一定水平。

对人类幼崽的观察也发现，在人类大脑发育早期（即婴儿 4 月龄时），大脑对语言词汇的接收能力和语音辨别能力很强。如果家长抓住了这个"大脑发育关键期"，营造良好的语言环境，帮助婴儿建立正确的大脑语言学习神经突触和神经环路，婴儿的语言能力就能得到良好的早期塑造，这会让其后天的语言学习事半功倍。

可见，大脑的智力发育，归根结底还是跟大脑突触结构的用进废退有关。咱们前面所说的每一项大脑认知能力的培养，都离不开神经突触在不同神经细胞中的积极斡旋。所以，智商高的人，一定是很会协调自己大脑"**神经交通**"的人。

为什么是"神经交通"？

咱们之前介绍过，正常人类大脑的体积、神经细胞的数量，甚至是神经突触的数量基本相差不大，如果非要说有哪里不同，那就是不同脑区的活跃程度，以及由突触连接起的神经通路的"信号强度"。

正常人的大脑都具备负责学习、记忆和其他认知能力的"建筑物"，且在大脑发育过程中，早已建立起了一套自己习惯的"思维路线"。而智商，其实就是这些特殊的"**大脑建筑物**"高级与否，穿行于不同建筑地点的"**思维路线**"智能与否的问题。

高智商人群，总能根据环境的不同，智能地调整他们的"思维路线"。假设你今天接到一项任务，要给别人描述一下你的工作内容。很多人一听到这个任务就开始"点火开车"，直接按照每日既定路线开往海马体（大脑记忆区），慷慨激昂地讲了很多专业知识，用了很多专业术语，最后却发现台下的观众听得一头雾水。而高智商人群，会先了解今天汇报的对象是什么人群，他们来听汇报的目的是什么，然后开始调整路线：今天不走海马体方向，也不开上高速路，就沿着乡间小路，开到大脑额叶（大脑情绪情感脑区），用点朴素的语言和真挚的情感，给大家讲讲创业的艰辛和其中一点一滴的成就感，顺便给大家简单介绍一点专业背景就好。

所以，高智商的人，必定是个好司机，会看天色，认识路，知道什么时候该刹车和什么时候得加油，而且一直知道目的地。

4.3 如何提升大脑做决策的能力

莉亚独自一人开车从自己家前往爷爷奶奶家拜年，春节时期路上车很多，她愣是被堵在半路动弹不得。好在莉亚从小就在这个区域长大，她轻车熟路地换了条路线。

莉亚的大脑是如何做出"更换路线"的决策的？

脑科学中最难的课题之一，便是研究大脑是如何思考和做决策的。脑科学把大脑看作一台计算机，科学家一直在探究这台计算机是如何形成它"自己的语言和思考方式"的。

虽然我们肉眼看不到莉亚的大脑中思考行车路线的方式，但我们应该都用过手机地图，只要在地图上输入出发地和目的地，智能地图便开始为我们搜索路线，告诉我们如何从 A 地点到达 B 地点。我们还可以根据需求，要求智能地图为我们定制个性化路线。例如，告诉它你想骑车出行，而不是开车去，那么地图会帮你找到一条对骑行友好的路线；或者你觉得等红绿灯很烦人，就告诉地图找一条红绿灯最少的路线，诸如此类。

手机上的智能地图是怎么做到的？过去众多走过这条路的人的出行经历已经形成了"经验"，存储在地图的数据库里。每一个从 A 地去过 B 地的人，都有自己的路线，这些个人路线被收集汇总起来，经过对比分析，地图便能得出哪条路线用时最少，哪条路线红绿灯最少，哪条路适合开车哪条路适合骑行，若有人问起，地图便可以随时提供不同的路线方案。

其实，我们大脑的决策过程，跟智能地图的逻辑很相似。

从莉亚家到爷爷奶奶家的路，莉亚已经走了二十几年。这些年来，莉亚试过被步行的爸爸妈妈抱在怀里，试过独自一人骑着人生第一辆自行车，试过坐在家中新买的小汽车里，以不同方式到达爷爷奶奶家。她知道除了大马路还有很多小巷子可以"抄近路"，她还记得在路上拐弯多走几十米可以买到她最爱吃的冰糖葫芦，她不介意今天再走一次"弯路"给爷爷奶奶捎上两串冰糖葫芦。

过去的出行经历不断输入莉亚的大脑，脑海里那条去爷爷奶奶家的路不断被经验改造和修饰，形成大脑记忆。她闭着眼睛都能告诉别人怎样是"最优路线"，但她偏不爱走"寻常路"，因为莉亚每次都有新需求：今天她要去给奶奶买冰糖葫芦，所以她决定拐个弯路过去；明天她的车限行，看来她要步行走近道了。

我们的大脑，便是这样学会做决策的，从我们接触世界开始，我们的眼睛所看到的事物、耳朵所听到的声音、双手所触碰过的东西，以及双脚所丈量过的土地，时时刻刻都在进入我们的大脑。大脑贪婪地学习着，汲取了经验（其中当然也有很多失败的教训），形成大脑记忆，这就是我们每个人大脑的"**地图数据库**"。这些记忆会被随后的信息或强化或削弱，不断重塑，就像数据的更新迭代一样。

在大脑数据库的基础上，我们便能迅速做决策。就如从莉亚家到她爷爷奶奶家，路线来来去去就那么几条，可莉亚每次出门都会根据当时的情境，来对行驶路线进行评估，灵活调整行为。

不过，这反过来也提示我们，如果我们不想耗费过多大脑精力在决策上，就应降低我们的需求难度。对于莉亚来说，如果她想休息，那就别老是想着兜兜转转去买这买那了，不如直接到奶奶家躺着，那里什么好吃的都有。

这也是为什么我们经常看到生活中的很多"天才"都过着很固定的生活，几点起床、三餐吃什么、几点上下班，都提前设定好，绝不浪费一秒去思考。他们因此节约了大量时间，也释放了很多大脑空间来专注于学习和工作。

这种大脑决策力，还引起了神经科学家和精神科学家的兴趣。他们发现，许多大脑疾病，如成瘾、抑郁症和精神分裂症的发病，都与大脑决策力和控制力系统的失衡有关。正常人大脑的控制力系统往往具有把个人认知调整到契合当下环境和状态的能力，可是患有精神疾病的大脑却很难做到这样。

普通人应该如何训练大脑的决策和思考能力？

首先，人和动物做出决策和付出行动的根本目的都是追求奖赏。我们大脑总是习惯以利益为导向，选项带来的奖赏足够吸引人，才是促使我们大脑做出选择的主要原因。

如何判断一个奖赏是否吸引人呢？这因人而异。我们都知道，同一种奖赏对不同人的吸引力可能是完全不一样的。例如，一顿可口的晚餐，对于饥肠辘辘的人和刚吃撑肚子的人来说，吸引效果截然相反。

因此，动物在真正做决策之前，需要经过一次"评估"。大脑会根据过去的记忆和现有的信息来权衡利弊，以往的研究发现，负责这一评估过程的功能区叫作眶额叶皮质。眶额叶皮质是位于大脑额叶的一个与决策相关的区域，脑科学中有句很浪漫的话："如果我的眶额叶皮质亮着，说明我正在想你。"

过去有学者发现眶额叶皮质受损后，动物的决策过程会中断，决策能力会受影响。我们接收到的感觉信息（视、听、嗅、内脏感觉等）、存储在海马体中的记忆信息，以及中脑中与奖赏系统相关的多巴胺能信息，都能进入大脑的眶额叶皮质，来帮助其做决策评估。

在一项很有意思的人类观察研究中，研究人员给受试者品尝不同价格的酒，并让他们给这些酒的口感评分。结果发现，受试者更容易给报价更高的酒打高分，而且，他们的脑功能成像结果也提示，品尝报价越高的酒时，人们的眶额叶皮质的血液动力学表现越强烈，即该脑区的功能越活跃。

其次，大脑做选择，一般不只是评估一个选项，还得对多个选项进行对比。大脑的"比较能力"与前额叶皮质有关。前额叶皮质受损的患者，很容易缺失"比较物品价值"的能力。举个例子，如果我们要买车，一般会比较不同车型的价格、性能以及外观，综合评估之后，再做出最终决定，而前额叶皮质损伤的患者，是没有这种能力的。

长此以往，眶额叶皮质以及前额叶皮质介导的大脑决策过程，会呈现一种"**信用分配**"趋势：如果一种决策产生了令人满意的效果（如得到奖赏），那么下次个体会倾向于继续做这种选择；如果该决策的后果是令人失望的（如被惩罚了），个体会在下一次决策时避开该选项。

大脑前额叶除了参与决策评估，还负责调整策略。我们出门上班，发现每天都走的那条路突然封了，大脑此时会想出另一条路线，这就是大脑灵活调整的体现。不过，这种调整能力目前只在一些脑体积较大的动物身上发现了，比如人类、猴子和鲸鱼等。尤其是人类大脑，具有非常灵活的认知调整能力，因此人类才能够经常克服自己的生活习惯，跳出舒适圈，主动做出一些艰难的决定和行动。因为人们知道，待在舒适圈固然舒服，但不利于生存。

综上所述，我们训练大脑决策力可以从以下几点来入手：①多吸取过去的经验和教训，建立自己的"大脑数据库"；②多用奖赏行为来强化正确的决策，训练大脑思维模式；③有时要勇于做出一些"并不舒适的决定"，因为那是人类得以在复杂环境中存活至今的"自我保护本能"。

4.4 如何构建大脑的认知地图

莉亚记得，她上小学时，每年儿童节大家都会在学校里玩"盲人摸象"游戏。小朋友们被老师用领巾蒙住眼睛，原地转三个圈，然后用手里的粉笔去给黑板上那个没有鼻子的大象画上鼻子。大家每次被蒙上眼睛再转完几个圈以后，都晕得眼冒金星，基本很难把大象鼻子的位置找对。

这种"游戏"莉亚现在仍在玩。她会在坐地铁的时候闭上眼睛戴上耳塞，不去看路线图，也不听报站信息，完全根据自己大脑内的"地图"来猜测现在自己到了哪个站。神奇的是，莉亚发现自己经常能猜对站点，如果现在让她再次回到儿童节那天的讲台上，她很有信心能把"大象的鼻子"找回来。

在 20 世纪 50 年代，神经科学家便发现人类大脑内存在一张"地图"。咱们在前面介绍过，大脑中有一群叫作"网格神经元"的细胞，它们就是"大脑地图"存在且能发挥作用的重要原因之一。不过，过去很多关于"大脑地图"的研究重点关注的都是大脑在物理空间感知领域的表现。例如，我们如何认路、如何规划自己的出行路线，以及如何判断自己的空间位置。

最近的证据显示，大脑中的这张"地图"不仅可以充当我们的"物理指南针"，还可以在我们做认知决策时起到一些引导作用，神经科学家们因此赋予了它一个新的名字——**认知地图**。

回到最基础的神经细胞水平来看，负责构建认知地图的神经元还是原来那群位于大脑海马体中的位置细胞。这些具有空间导航功能的位置细胞，会在大脑接收到不同空间信息时，发生不同的放电活动。认知地图是神经科学家最近在这张"基础版本的地图"上发掘出来的"新功能"。与空间导航类似，大脑地图能够给动作行为或者认知决策"打上位置标签"，从而形成一张可以展现行为和认知的内在联系的"空间地图"。人们在进行社会活动或逻辑思考时，可以像"看地图"一样利用这张大脑中的"空间地图"，只要一翻开它，就能轻易知道下一步该做什么。

我们在脑海里翻地图的行为，可以叫作**精神导航**（ mental navigation ）。

这个词听起来有些抽象，那么，我们该怎么将大脑的精神导航可视化呢？

　　2024 年，麻省理工学院的一支神经科学研究团队发表了一篇研究猴子的大脑皮层是如何进行精神导航的研究。他们让猴子参与一场类似"对齐"的游戏，猴子面前的屏幕上会显示一排物品的图片坐标，这六张图片的位置是固定的，我们可以将它们想象为一排参考坐标。接着，在这排坐标下方的屏幕上会随机出现六种物品中的一种，猴子需要移动面前的遥控手柄，将随机出现的图片按照一定方向移动一定距离，直到下方随机出现的图片与坐标中的参考图片对齐，它们才能得到相应的奖励。

　　经过一定次数的训练，在猴子们已经可以娴熟地移动遥控手柄来将图片对齐后，研究人员会将游戏难度进行"第一次升级"。这个时候，上排的图片参考坐标不会再显示了，但猴子仍然需要将随机图片与其原本的参考坐标进行对齐。所幸猴子在第一轮游戏中已经记住了参考系的位置，所以它们仍然能够顺利把图片拖动到各自原本的坐标附近。

　　游戏难度还会继续升级，研究人员还要在猴子手里的遥控操纵杆上"使坏"。随着游戏进行，操纵杆会变得"不太灵敏"，其移动速度和移动方向会发生一定偏移。这个时候，猴子就要迅速把相应的"偏移向量"考虑进去，重新定位自己的遥控方向，好让目标去对

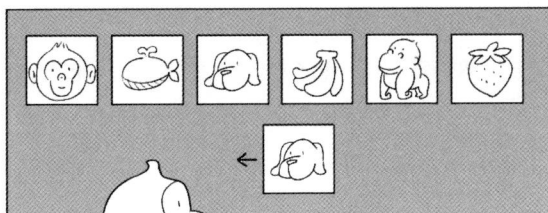

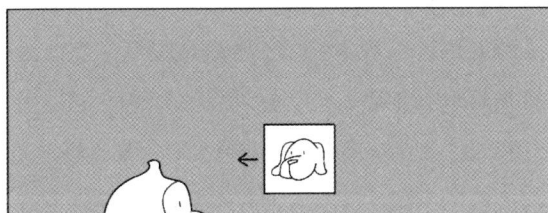

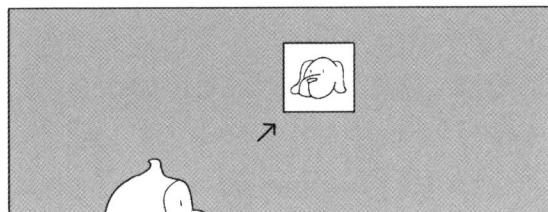

齐它的原始坐标。

这个**对齐游戏**非常清楚地向我们展示了猴子大脑正在进行着的一场精神导航。在整个过程中，研究人员不给猴子提供任何声音信号、气味标识或者颜色信号等提示，以保证猴子在整个过程中没有接收外界感觉信号输入。因此，整个遥控对齐过程都是纯凭它们自己在大脑记忆中摸索进行的。

这个游戏是不是跟莉亚爱玩的"猜站点"游戏一样？莉亚可以不看路线、不听报站提示，是因为她脑海里对整个空间一直有整体的认知，每个站之间的"结构联系"她都记得很清楚。只要有这张"整体认知结构关系网络图"，不管有没有外界提示，也不管莉亚是从 A 站到 C 站，还是临时起意从 B 站返回 A 站，她都能做到。

我们同样可以将认知地图模型套用到其他行为过程中。比如，背一串号码时，只要我们记得够熟，就可以顺着背、倒着背，还可以随机从中间任何一个位置开始背；又如，我们学会并理解了某条数学公式，无论考试如何将这个公式进行拆分和转变，想要从什么角度来出题考我们，我们都能解答出来。

大脑认知地图的研究吸引了很多神经科学家的目光，因为大家看到了大脑具有将物理空间和抽象空间连接起来的"魔力"。大家都很期待可以找到办法，帮助大脑像画地图一样，画自己脑海中的认知地图。这张认知地图画得越详细、结构关系越密切，而且我们用得越顺手，就代表咱们大脑的思维过程越灵活。

当务之急，是我们要学会如何构建自己的认知地图！

我们可以回到最简易的猴子"对齐游戏"中找启发，猴子是怎么进行"精神导航"的？它们经历了大量重复的训练，这些重复训练帮助它们的大脑记住了六张图片的顺序和结构，所以我们也要多训练多总结，学会找事物之间的潜在联系。麻省理工学院的教授米切尔·奥斯特罗（Mitchell Ostrow）以季节应对为例给我们画了一张简易的**认知坐标图**：无论季节如何变化，事物之间的对应关系是固定的，夏天穿短袖对应冬天穿棉袄，夏天要带凉水杯而冬天要戴围巾，夏天要在海边铺上沙滩椅，冬天则该把仓库里的雪橇拿出来……事物之间的联系不一定有逻辑，我们可以自己给它们赋予不同的定义，让它们在我们的大脑中有相应的"序列和结构联系"。就好比有人认为"出生"的反义词是"死亡"，有人则联想到了"遗忘"，我们认识事物的角度可以是独特的、奇怪的。

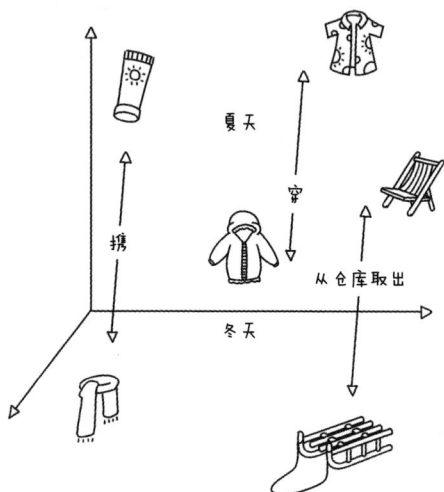

参考资料：OSTROW M，FIETE I. How the human brain creates cognitive maps of related concepts[J]. Nature, 2024，632 (8026)：744-745. DOI：10.1038/d41586-024-02433-2.

我们给事物贴上"**标签**"后，就要想办法找个"**模具**"把它们安置好。语文考试中有一种题型，题干会给出几个词语（比如"春天""划船""赶路"），我们需要用这几个词语来造句。你可以随意组合这几个词并造句，这个句子就是你为以上词语量身定制的"**模具**"，而且这个句子内在的逻辑以及表达的思想，将会反映你大脑认知地图的质量哟！

4.5 人机还是人脑
——大脑如何编程

　　莉亚最近真的被"人工智能"这个词淹没了，人人都说现在是人工智能时代，未来世界将会被人工智能占领，就连小孩子都得开始学习编程了。

　　莉亚越想越焦虑，为了让自己未来不被社会淘汰，她下定决心开始学习编程。

　　问题是，我们的大脑是如何学习编程语言的呢？它真的只是一门"语言"吗？人的大脑在解释代码和编辑代码时，是如何活动的？我们如何提升学习编程的能力，以更好地适应这个人工智能的社会？

　　德国帕绍大学和美国卡内基梅隆大学的神经科学团队在 2014 年的时候，招募了一群志愿者进行了一项大脑观察实验：研究人员先教给 17 名志愿者一些简单的源代码知识，然后让他们躺在功能性磁共振成像仪器下，一边要求他们做"编程题"，一边拍摄他们的大脑在进行代码理解和运用任务时的活动。

　　结果显示，当志愿者在进行编程相关任务时，他们大脑的布罗德曼第 6 区和第 40 区处于高度活跃状态。布罗德曼分区是一位叫作布罗德曼的德国脑科学家根据大脑的神经元结构不同而人为定义的大脑分区，这里我们观察到的布罗德曼第 6 区和第 40 区，主要对应我们的语言、注意力分配、工作记忆、词汇和数字处理，以及问题解决等大脑功能。

这项研究给了我们很多重要提示。首先，编程语言并不像很多人想的那样"只是一门语言"，虽然它同样需要语言脑区的参与，但是也依赖其他认知相关脑区的协作。其次，计算机编程也不只是跟"数学问题"和"逻辑思维"问题有关的行为，这从某种程度上可以缓解部分女性的焦虑，因为很多女性总感觉自己在处理数学任务上比男性要吃力，尽管事实并非如此。

的确，代码涉及的知识面太广了，有时候是简单的读写任务，有时候是逻辑问题，有时候是数学问题，而且对于初学者来说，还要涉及很多学习和记忆的思维活动。为了深入了解计算机编程任务对大脑活动的影响，约翰斯·霍普金斯大学脑科学研究中心招募了 15 名资深的计算机编程人员，让他们躺在机器下完成一系列读写代码任务，同时监测他们左脑和右脑的活动状态。

结果显示，这些编程人员在理解和学习代码时，大脑左半球和右半球的活动水平区别不大，而涉及编写代码任务时，他们的左脑明显活动水平更高。看来，写代码跟跑代码还是有区别的，编写代码需要左脑的更多参与。

这个脑科学中心现在正在继续他们的实验，来研究人脑在学习编程时是否会受到年龄的影响。我想大家会很好奇这个问题的答案，莉亚也是，毕竟她现在"一把年纪"了才开始接触计算机编程，总感觉力不从心。

上面提到的研究只是简单地描绘了大脑在编程时的脑活动图谱，莉亚更想知道：我们的大脑会不会因为学习了编程，变得更加聪明呢？

日本有个研究团队找来了 14 名大学女生，这群女性过去完全没有计算机编程的经验。研究人员安排她们参与了一场为期 5 个月的"计算机处理"课程，并且在她们上这门课之前和课程结束后分别收集了她们的大脑功能性磁共振成像数据。经过 5 个月的计算机课程学习后，这群女性的计算机编程水平都得到了显著提升，而且科学家观察到，在她们处理编程任务时，大脑的很多脑区（比如额叶、颞叶、顶叶和枕叶皮层，几乎是整个脑子）都被激活了，尤其是她们右侧大脑的额叶下回区域，经过了 5 个月的编程学习，这个脑区的活动明显增强，看来学习计算机编程可能增强右额下回的功能。

以上所有研究无非告诉我们两件事情：一是计算机编程是一项整合了语言学习和数学逻辑等高级认知功能的高级大脑行为；二是科学家目前只发现了与编程相关的活性脑区，但是还未找到精准的编程"开关"。

如果我们的目标是通过学习计算机编程来提高大脑认知能力，这是可行的。无论是初学者还是一向被认为不具有"计算机大脑"的女性学习者，都能通过一定的学习和训练提高自身的编程水平，并且随着编程经验的积累，大脑相关脑区也会得到一定的发育。

年龄也不是我们需要焦虑的问题，年轻的大脑的确具有更强的可塑性和学习能力，但是成年后的大脑经验更加丰富，已经建立起许多逻辑思维架构，这对我们后期进阶学习编写代码会很有帮助。

但我们要做好一种心理准备，那就是：计算机语言可以说是一种对我们大脑旧的语言和思维方式的"挑战"，尤其是对不太擅长逻辑思考的人来说，前期要经历很痛苦的"自我纠正和规训"过程。比如，计算机很听话，我们输入什么指令它就会给我们什么反馈，一板一眼，不像真正的大脑，同样会接收指令，但是总爱自动根据以往的经验和记忆来修饰并进行输出。我敢确定，再冷酷的人也做不到像计算机一样不带任何"个人情绪"地工作。

一旦建立了这个基本认知，莉亚要开始学习计算机编程，可操作性就很强了。

莉亚"够不够资格"进入编程学习？生理上来说，莉亚的大脑很健康、运行正常，完全具备学习编程的"硬件设施"。但是，莉亚开始学习计算机编程时，首先要对抗自己以往的语言、逻辑等"习惯"。这很难，因为思维习惯一旦形成很难转变，我们能做的只有不断强化练习新的思维习惯，以求覆盖旧的思考方式。

最重要的是，不要把编程当成是"一门语言"或者是"一道数学题"来学。所以，不要纠结那些像虫子一样的字符串的意思，也不要看到像俄罗斯套娃一样的循环逻辑就产生畏难情绪，否则你调动的只是大脑的语言学习脑区，而这些脑区对编程来讲并不是主要的"贡献者"。

先给自己定一个具体的目标，比如写一串代码帮我们把一份表格的行名跟列名筛选出来。这时，我们的大脑会启动更高级的思维网络，它会以一种解决问题方式开始思考。比如，它会先调动大脑记忆来检索是否曾经写过或者见过同类型的代码（或者代码工具包），这个时候我们的海马体神经元可能正忙得打转；它会把这个问题整理成文字输入浏览器，在网上寻找可以模仿的代码，这个过程可能会激活大脑的语言中枢，比如布洛卡脑区；然后我们可以试着根据实际需求来仿写一串代码了，这个时候大脑的逻辑脑区（例如本节开头介绍的布罗德曼第 6 区和第 40 区）会被激活；如果不巧，系统报错了，提示无法完成代码指令，那大脑的"问题处理"脑区将迅速响应，寻找解决方案。

经过不断试错，不断积累经验和巩固记忆，莉亚很快就适应了计算机"语言"的使用方式。当然，如果有一天莉亚说话开始像个机器人了，你也不要惊讶。

4.6 深度工作——提升专注力比增加工作量更重要

莉亚一直认为工作效率是与任务完成数量直接挂钩的，工作日的上午，她可以一边完成一份大病历，一边回复窗口时不时蹦出来的工作邮件，还要盯着手机以免错过重要通知。

即使是难得的去健身房跑步的时间，莉亚也要点开自己购买的技能提升课程来看，势必要把跑步机上的这一小时利用到极致。表面上来看，莉亚好像在有限的时间里完成了很多事情，但是，莉亚的生产力并没有真的得到提高，反而是她工作的错误率升高了。

脑科学研究者们也很想知道人在处理多种任务时，大脑正在发生怎样的变化。他们设计了一个经典的多任务处理实验模型，要求受试者同时接受视觉信息（即观看显示屏上出现的不同形状的图案），以及听觉信息（倾听播放器发出来的不同音调的声音），并根据所接收到的视觉和听觉信息类型，做出指定的手势动作：左手的中指和食指分别对应圆形和方形图案，右手的中指和食指对应高音调和低音调。例如，受试者同时看到了屏幕上的方形图案和听到了高音调，他就要尽快伸出左手食指和右手中指。

别看这两个任务很简单，要想迅速准确做出手势反应很难。试想一下，大脑此时需要开放两条感觉通路：一条是视觉通路，图案信号会从视网膜沿着视觉传入神经，进入大脑的视觉皮层；另一条是听觉通路，耳朵的听觉感受器会将不同声音转化为不同频次或波幅的电信号，传入大脑听觉皮层。从微观角度来看，此时大脑的视觉神经元和听觉神经元都在放电，这两股电流会沿着它们的神经元电缆到达中枢管理区，去点亮各自的信息集中处理中心。如果你这个时候用电笔去戳一下这"两根电线"，应该能测到微小的电压波动。

从另一个层次来看，多任务工作引起的大脑特定脑区的激活，势必会造成该脑区**小范围的"躁动"**，这股"躁动"带来的能量代谢改变，可以利用大脑的功能性磁共振成像来监测。大脑神经元对能量的需求很大，别看我们的大脑只占身体重量的不到 2%，但它占用了人体超过 20% 的氧气和 25% 的葡萄糖供能。当大脑某个脑区处于活跃工作状态，该部位的脑血管会轻微扩张，容纳更多的血流，血液的流动和能量交换造成了大脑不同区域的血氧变化，功能性磁共振成像就是通过监测血液中的血氧变化来反映不同脑区活跃状态的大脑影像学技术。

参加了多任务处理实验的受试者，会在按要求进行实验任务的时候，接受大脑功能性磁共振成像的检查。澳大利亚昆士兰大学的保罗·E. 杜克斯（Paul E. Dux）团队于 2016 年发表的研究就采用了这个大脑多任务处理模型。他们发现人脑在完成不同类型的多任务训练后，前额叶皮质结构会发生改变，具体一点就是，在多任务处理测试中表现更好的受试者，其大脑的左背外侧前额叶皮质的体量明显更小。

很诧异吧，这明显跟我们正常思维中的"大即是强"的概念相反，这里是 **"小才精"**。但你也不必羡慕，因为能够在多任务处理测试中表现出色的人，不一定就具备更高的生产力。

很多精神科学团队都在探讨多任务处理能力与大脑效率和生产力的关系。遗憾的是，目前的大多数研究结果都证明大脑会在进行多任务处理过程中出现"能力受限"，尤其是当人在同时处理两项或两项以上需要意识参与的任务（如与人交谈和看书）时，可能会出现"1+1<1"的结果。

与其让大脑伸出"三头六臂"连轴转地工作，不如将时间单独分割成多个小块，把大脑注意力分配给单独的任务。

所以，我们应该如何将这个理念带入我们的生活中，去提高大脑生产力呢？

理想状态下，我们可以将所有待办事务整理出来，分配到不同的时间段来进行处理。严格做到特定时段专注特定事务，绝不要被其他事情干扰，也不要转换任务，这跟番茄工作法的逻辑类似。

可是，在网络发达的现代社会，我们应该很难完全做到一段时间内只干一件事情，即使是在专注忙着这头的工作，邮箱和工作群里也会不断受到任务轰炸，样样都很紧急都很重要，哪头都怠慢不得。这个时候，我们需要先锻炼大脑的**"任务筛选"**能力：将事务进行"紧急-重要级别"归类，设置手机和邮箱通讯录中的联系人优先级别，将同类型的琐碎事务打包到同一类中。这样我们的大脑就不会一下子陷入被工作淹没的慌乱中，建立起大脑秩序。

大脑同时处理多项任务也不是不可能的，只需要巧妙地将这些任务重新组合一下，将高度耗费脑力（即需要集中大脑注意力）的工作与低脑耗的工作安排到一起。比如像莉亚那样一边跑步一边看学习视频，跑步很少需要大脑来参与思考，所以大脑公路不会"堵车"。

如果非要同时进行不同的大脑活动，那就尽量把所占据的神经通路分开。例如，可以一边听歌一边看书，一个用耳朵一个用眼睛，虽然效果还是会打折扣，但也勉强能进行。还可以通过反复训练，将一些高脑耗的行为"驯化"成低脑耗工作，变成不加思考就能做出反应的行为。比如，新手司机开车总是很忙，要记住交通规则，要观察路况，还要操作方向盘和油门刹车，光是负责开车就已经够他的大脑好一通忙活，这个时候旁人要想跟他聊会儿天，绝对会烧掉他的大脑中央处理器（CPU）。可是对老司机来说，开车已经是肌肉记忆了，他们可以释放出这部分大脑空间来跟旁人说说话。

重要的是，一定要保证大脑吃好喝好。小小的脑子有着大大的饭量，想要大脑卖力干活，就一定要好好招待它。

4.7 构建记忆——做大脑"建筑师"

莉亚最近在准备医师执照考试，每天背书背到昏头涨脑，而且经常是前一天背完一个知识点，第二天就忘掉了，急得她抱头咆哮："难道我的大脑容量天生就比别人的小吗？难道我的脑子天生就比其他同学笨吗？"

我们的大脑是如何接收外界信号，将其转化储存成记忆，并且在需要的时候调取记忆信息的呢？

很多人都觉得，我们的记忆就像装在书本里的词句，都装在一个个脑细胞里，因此常常会误以为"记忆力差的人的脑细胞天生就比天才的脑细胞少"。

研究大脑的神经科学家们一开始也很好奇，于是他们用了简单粗暴的方法——解剖大脑——来比较人与人之间的大脑区别。结果出人意料，大多数人的大脑，从肉眼上来看，结构并无太大差别，甚至大脑最小的物质单位——神经元，在数量和分布情况上，也并无明显差异。

那么，为什么不同人之间的学习能力和记忆力会有差别？为什么一个人在不同时期的学习力和记忆力也会明显不同？答案在于神经元与神经元之间形成的**神经突触**。

什么是神经突触？神经科学家们认为，神经突触是我们大脑的最小功能单位。

想象一下，神经元（俗话说的"脑细胞"）是大脑的砖头和瓦块，是建立大脑结构的原材料，我们每一个人从胚胎发育时期开始，就获得了相同数量的"砖头和瓦块"，基因一开始对每个人都是公平的。

可是，我们如何使用这些砖瓦建造大脑这座房子呢？每个人的方法都不同，一砖一瓦的拼搭，可以产生无数排列组合。这些发生在个人大脑内的"排列组合"，就是神经突触。我们依靠神经突触来搭建大脑房子中的独特动线和回路，产生个人独家记忆。

有意思的是，我们搭建起的房子不是一成不变的，我们随时可以像拼乐高一样，调整模块，铺建新的线路，这就是神经科学里常说的"**突触可塑性**"。我们学习新知识、理解和记忆新信息，其实都是在我们的大脑里搭乐高，只是有人擅长灵活调整，而有人选择了当一个麻木的泥瓦匠。

举个简单的例子，我们要背英语单词"apple"（苹果）。首先我们的眼睛会将"apple"这个单词的视觉信息传达给大脑，这个信息传达过程是由一条一个一个神经元手牵着手组成的**神经环路**实现的（拉手的地方就是神经突触）。

如果你是第一次看到"apple"这个单词，大脑便需要多花些力气，先召集一批神经元，让它们首次合作，牵手搭路，于是我们对"apple"这个单词有了初步记忆。由于这批神经元是首次合作学习，它们之间并不熟悉，关系还很疏远，所以如果我们不复习"apple"这个单词，那么几天后，有关"apple"的神经突触和神经环路就会像"塑料姐妹团"一样解散，要想再记住这个单词，便要重新开始。

这就是我们学习知识要注重复习与强化的原因。这一点，班级里许多勤奋的学生都能做到。而要想成为"学霸"，除了多加复习，还得通过其他方式来强化记忆。

比如，调动多个感官。我们不仅要通过眼睛去看"apple"这个单词怎么拼写，还要播放音频来学习单词的读音，并配合单词卡片上的图案来记住单词的意思。这样，有关"apple"这个单词的视觉信号和听觉信号同时进入大脑，效力就会加倍。

还可以将"apple"与其他事情进行联想记忆。比如，提到"apple"我们会想到苹果公司，还可能会想到"平平安安"，怪不得大家平安夜都爱互赠苹果呢！

更厉害的是，既然都学了一个叫"apple"的水果了，背一个单词是背，背一组单词也是背，这条运输"apple"的神经环路，可以扩大一下运营范围，变成学习有关水果单词的神经环路。于是，我们可以打造一条有关水果的单词的神经记忆环路。

以上，仅仅是我们的大脑接收外界信息输入的过程，相当于我们把各种各样的"水果"都运输到了大脑的特定仓库里。可是，还得将这些水果进行分类整理，登记入册，并且想办法"转销"出去，让知识"活"起来，才能达到学习目的。

这一点只有少部分"高级玩家"才能意识到，而且不同人的"玩法"不同。每个人都有自己的个性化"管理仓库"的方法，有人习惯按照水果的颜色来分类，有人按照水果的产地来分类。当与人谈起水果这个话题的时候，他们会很自然地由水果本身，谈到自己喜欢的颜色，或者谈到喜欢不同产地的水果的人是否具有不同的性格特征。

这就是普通人和高级玩家学习记忆的区别。普通人很可能止于第一步，记住了"apple"这个单词，并且勤加背诵，记得很牢固。而聪明人不仅记住了"apple"这个单词，还记住了一箩筐的水果单词，并且还延伸学习了有关色彩、地理知识、人文知识的单词。

记忆 ☆

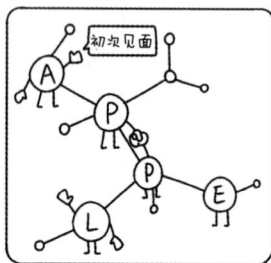

记忆 ☆ ☆

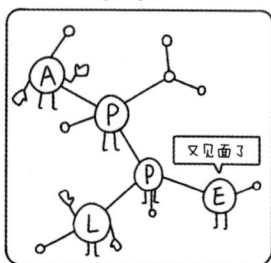

记忆 ☆ ☆ ☆

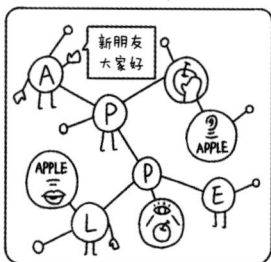

记忆 ☆ ☆ ☆ ☆

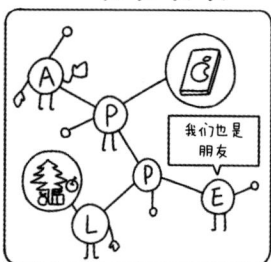

记忆 ☆ ☆ ☆ ☆ ☆

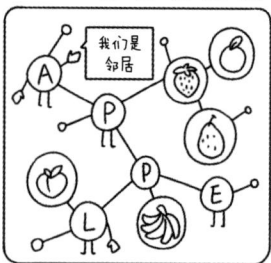

记忆 ☆ ☆ ☆ ☆ ☆ ☆

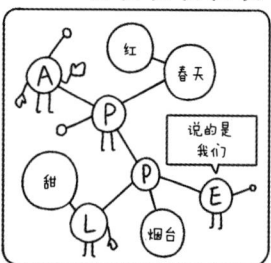

最后需要注意的是，大脑的学习和记忆过程，需要调动大量神经元，这些神经元形成突触、建立神经环路、塑造记忆，以及调取记忆都是很耗费能量的过程，所以我们经常在沉浸式学习后感觉疲惫，甚至会有一段时间感觉脑子再也处理不了新信息了。这也提示我们，在进行记忆时，应先进行筛选和分类，学会抓住关键信息，给大脑留出一些"喘息的空间"。

好消息是，我们所记忆的这些内容不会长期占用大脑的神经元和神经环路。一旦知识被长期巩固，这部分神经元"原材料"就可以被释放出来，重获自由，供我们学习其他新知识使用。

4.8 演讲脑科学——如何吸引观众的注意力

莉亚医生最近很苦恼，因为她将要在社区内进行一场小型的科普宣传演讲。她的观众是一群未接受过医学教育的其他行业人员，年龄跨度很大，老人小孩都有。更棘手的是，她的宣讲台被设置在小区公园的花坛边，那里整天人来人往，十分嘈杂。她的宣讲难度可想而知。

要怎么规划这场演讲，好让莉亚的科普知识能够在现场留住行走的观众，抓住他们的注意力，并且保证他们对演讲内容印象深刻呢？她想起了**鸡尾酒会效应**。

在鸡尾酒会那样嘈杂的环境中，酒会上的人也能选择性地做到只听一个人的声音，自动"过滤"掉周边的声音。

我们生活中也有类似鸡尾酒会效应的体验，当我们走在熙熙攘攘的人群中时，如果有人呼唤我们的名字，我们总能很敏感地捕捉到这声呼喊，迅速看向四周，寻找是谁在喊我们。

这就是鸡尾酒会效应，指人的听力具有选择性，当面临多种信息来源时，人们会倾向于集中听一种声音而自觉忽略其他声音。

在 20 世纪 50 年代，精神科学家爱德华·科林·谢里（Edward Colin Cherry）设计过一个跟读实验，来研究人的这种"声音过滤"行为。他在受试者的左耳和右耳边同时播放对话，且左右耳的播报内容不同，他还要求受试者边听边跟读播放内容。结果显示，受试者只能报告他们一侧耳朵所听到的内容，会自动忽略另一边所听到的内容。

但是这真的只是听力水平的信息筛选吗？不是的，鸡尾酒会效应，其实是我们的大脑在一定时间内只能在一处集中注意力的表现。

人类的大脑注意力如此有限，而我们在工作中又总是迫切想要让别人接收到我们的信息并接受我们的观点。就像莉亚的宣讲活动一样，她很想在当日的社区活动中吸引到人群的注意力，向大众普及医学知识。那么，她该怎么办？她完全可以利用大脑的注意"喜好"，来抓住观众有限的注意力，以达到目的。

什么是大脑的注意力？威廉·詹姆斯在他的著作《心理学原理》（*The Principle of Psychology*）里这样说："每个人都知道注意力是什么。它是头脑以清晰鲜明的形式，从同时存在的多个可能对象或思想序列中选取其中一个。它意味着从某些事物中撤离，以便更有效地处理其他事物。"

为了高效地处理问题，大脑会集中思考一件事情，而把其他事情暂时搁置在一边。爱德华·科林·谢里在他的跟读实验中得到的结论是，我们的大脑存在一种**过滤机制**，这种机制能够让大脑调低对那些它"不喜欢"的信息的感知力，以更好地把注意力集中在它"喜欢"的东西上。

那么问题来了，大脑喜欢什么样的信息？

第一，大脑"喜旧厌新"。就像前面提到的人群中总能听到别人呼唤我们的名字那样，人类即使正沉浸在某个重要工作中，但只要附近有他熟悉的事物信号出现（比如自己的名字或者爱人的名字），他在工作上的注意力也会立刻被分走，这就是我们生活中经常说的"分心"。

对于这一现象的一个解释是，自我们出生开始，我们的名字就被反复提起且已经深深地植入了我们的记忆中。因此，当我们的名字与其他新信息一起进入大脑时，名字会率先占据大脑的想法列车，通常会让我们"还没回过神来就自然地做出了回应"，比如快速抬头找谁在喊我们。

所以，莉亚要想在科普活动中抓住社区观众的眼球，可以先从一个社区内部发生过的"旧"事情开始切入。她决定讲讲上周小区内王阿姨家的孙子误吞骨头的事故，来展开讲讲在日常生活中掌握一些基本家庭急救知识的必要性。

我们在工作汇报中也一样，可以尝试在表述过程中加入一些台下参会观众的工作成就。比如"这部分工作是在同事某某的协助下完成的""这个发现是某老师最新的研究成果"。如此，台下的观众就算正在偷摸玩手机，也会按捺不住抬头看你一眼。

第二，大脑"好吃懒做"。大脑很懒，虽然它每时每刻都在运转，但是早已发明了一套智能的内部运作机制，那就是<u>抓住任何可以偷懒的机会来节约能量</u>。所以我们读书时会先看看标题，先理解意思再决定要不要继续看正文；我们在认识新朋友时，总爱根据对对方的"第一印象"来判断对方是个什么样的人，并决定要不要跟这个人继续来往；我们上课或开会看大屏幕上的演示文稿时，如果信息太密集或逻辑很混乱，我们会选择放弃……

所以，我们得继续惯着观众们的大脑才行。日常工作汇报时，把重点放在开头，少说废话；去见新朋友时，按照你想让对方对你留下什么印象的标准来打扮自己、规范自己的言行；做演示文稿时，每页的主题句要真正概括与呼应内容，并且，不要同时甩出太多信息。

第三，大脑"爱听故事"。就像我们爱听八卦一样，我们总是容易被具有故事性的信息勾起好奇心，故事要新鲜刺激，要有起承转合，要留有悬念，最好能够达到社区群众全都搬起小板凳围在花坛边不让她走的效果。

莉亚决定写一个人体的免疫战士跟病毒斗智斗勇的小故事，最好能够画成漫画，说给小朋友们听。

第四，大脑"喜欢互动"。一个正儿八经地坐在讲台上的演讲者，跟一个走到台下一直跟观众交流的讲述者，你会更容易记住哪个人？

如果你只是站在台上读稿子，那么观众的大脑只能接收到声音信息以及文字信息，这些信息如果没有超强的内容加持，观众过目即忘；但是，如果你是一个活动起来的人，在演讲过程中会用恰当的手势指出重点，能够与台下观众有眼神交流，就像歌手在演唱会上会跟前排观众握手一样，观众的大脑会对这些多感官信息形成强烈记忆。

莉亚想好了，到时她要带上一套急救设备，邀请观众上台近距离观察这些医疗设备是怎么用的，她还要现场教大家如何做心肺复苏。

第 **5** 章

掌控社交的
脑科学密码

5.1 如何培养 社交脑

莉亚小时候就是个不擅长社交的小孩，过节去探望爷爷奶奶时，她的堂兄弟姐妹们个个都笑盈盈地围着大人说吉祥话、讨压岁钱，而她只敢躲在队伍后面，结结巴巴地重复哥哥姐姐们的话。现在，长大后的她还是这样，部门聚餐时她只能羡慕地看着同事们跟领导自然交流，而她每次一想到要跟领导说话，都会提前一天晚上焦虑到失眠。

朋友们问莉亚为什么这么害怕跟人交流？

莉亚说："我好害怕说错话，我担心长辈会骂我，我担心领导会对我有不好的印象。"

大家总结了一下，觉得莉亚的"社交恐惧症"跟她的性格有关，有的人生来就很内向，不爱跟人说话，也不擅长处理人际关系。

果真是这样吗？才不是呢！其他动物都懂得形成自己的社群，并在它们的小小社会中生存，莉亚的人类大脑怎么可能没有社交能力？神经科学和精神科学家都认为，所有健康的人类大脑都具有"社交"功能。**社交脑**的存在，能够帮助人类在群体中与别人建立联系，通过觉察别人的情绪和环境氛围以适应社会交往，达到获取社会资源和繁衍后代的目的。说白了，社交脑的作用，就是帮助我们在社交场景中更好地"揣摩"对方的内心，从而调整自己的行为以促进合作交流。

为了研究大脑的社交功能，神经科学家将社交行为套入以往研究大脑认知能力的模式中去理解。大脑发起一次社交，首先需要快速识别社交信号，比如对方的表情、语气、站立时的脚尖朝向等，来初步评估他是否有意愿与自己交流。接着，大脑要调取以往的记忆，搜索过去的经历来判断此人"是敌是友"，对他产生一个初步印象。然后，观察第三个人此时跟他的互动情况，判断别人是否喜欢跟他交流，最终形成一个对此人的总体社交印象。这个独特印象将会决定大脑后续是发起积极行动（热情挽留）还是消极行动（冷脸逐客）。

社交脑的调控模式看似复杂，但是我们每一个人的正常大脑生来都具备这种能力。即使是莉亚这样的"社恐"，她的大脑也是存在这样一套健康的社交程序的。而不同人之所以会在社交场合采取不同的反应，是因为他们在大脑发育初期写这套"社交程序"时，使用的测试数据有所不同。

我们先来总结一下神经科学视角下，大脑是如何进行这项社交认知工作的，姑且认为这是在给大脑**"写入程序"**吧。

1. 大脑需要感知社交信号

这项前期工作主要由眶额皮质和颞叶负责，如果你对大脑皮层的功能有点印象的话，应该不难猜到为什么这几个脑区会是大脑感知信号的前沿阵地。没错，我们的眼睛接收的光信号、耳朵接收的声信号，会首先被转为电信号传送到大脑前方的这些脑区。

2. 大脑会进行社交信息评估

所有外界信息会被整合到杏仁核区域，不同社交信号引起的杏仁核神经元差异性激活，最终导致大脑形成社交认知偏差。杏仁核其实是个跟人的情绪认知和调控关系密切的脑区，前文我们只介绍过杏仁核与人的情绪管理能力有关，但是深入的研究还发现，杏仁核损伤的患者可能会缺乏对人的面部表情的感知能力。

3. 大脑会将社交评估结果与行为后果联系起来进行决策

大脑会将所有社交评估结果与具体后果联系起来，最终做出**以后果为导向**的社交决定。脑科学家认为前额叶皮质对大脑评估行为后果的调控至关重要，这么说吧，我们在社会交往中会有意识地控制自己的言行，因为我们知道摆臭脸、说坏话会伤害对方，会破坏人与人之间的感情。正是因为考虑到了消极行为带来的不良后果，我们才选择了控制。我们现在经常提及的"同理心"，也是该脑区赋予我们的能力。

脑科学最初对前额叶皮质的认识来自一个鲜活的病例。19世纪时，一名名叫**菲尼斯·盖奇**（Phineas Gage）的铁路工人因施工意外被铁棍穿透了大脑前侧，经过艰难的救治和康复治疗后，他保住了性命，智力水平也恢复得很好。可他的家人却发现他性情大变，从前斯文温和的一个人变成了一个肆意辱骂亲人朋友的暴躁大叔。大脑前额叶皮质的损伤似乎严重影响了盖奇的社交能力，他失去了表情管理能力，他控制不住自己说伤人的话语、做出伤害朋友的行为。

大脑写完了这套社交程序之后，会交给小脑来"校准"，小脑会根据我们的社交期望来微调社交命令，保证社交行为不会出错。你可以将小脑的校正当成是一种对大脑发出的社交命令的"监督"。举个例子，我们面对地位崇高的人时，内心总是期待能够多多交流，尽快与他建立紧密联系，但是小脑会提醒我们"注意矜持"，免得引起对方的不适。

在我们年纪还小的时候，大脑仍处于高度可塑造状态，写入以上的大脑程序是非常容易的，但也正是因为如此，我们很多人都没有意识到童年时的人际交流经历会这么深远而固执地束缚着我们现在的社交表现。

莉亚为什么会这么害怕跟长辈交流？因为在她童年的记忆里，她第一次开心地向爸爸妈妈讨零花钱时，得到的却是责备；她天真无邪地跟长辈说话，却被大人们说这孩子说话没礼貌。她积极向外的社交行动，都指向了不好的反馈：胡乱说话会被骂，主动行动会被暴力制止。长此以往，她的社交脑就会变得恐惧社交。

那么，我们如何让社交脑高速运转？

首先，每一个人都具备健康的社交脑基础，社交脑是人类得以生存和繁衍的生物本能，不要再把自己的"社恐"归因于自己的内向性格，也不要总是把自己封闭在自我世界里。社交脑的培养过程很简单，前期就像是玩分类游戏一样，我们都是从学习将表情、语气以及某种场景下的话语跟人的情绪配对开始的；然后不同的社交行为又会与当下产生的社交结果进行配对，慢慢地我们就会在社交过程中形成一套与人交往的经验，知道如何读懂对方的情绪，知道该做出何种反应。

其次，社交脑非常渴望奖赏，当一个人热情地与人交流时，他的内心必定是渴望得到同样的积极回应的，所以我们在培养小孩社交能力的过程中不要总是给他泼冷水，在跟他交流时要多肯定他。如果你很不幸有一些不愉快的社交记忆，并且因此害怕与人交流，你应该感到庆幸，社交记忆与个人记忆不同，它可以由多人谱写，也会因为交流对象的改变而出现结果的改变，你大可不必深陷其中。就像莉亚，虽然她爸妈总是不满她唯唯诺诺的性子，但是她在爷爷奶奶眼中就是个虽然笨拙但是很努力的小孩。

5.2 大脑的"同辈压力"

周五下午三点，莉亚查完了病房，提交了好几份大病历，手上好几个患者也康复出院了。莉亚如释重负，决心晚上要好好奖励自己，尽情享受难得的周五时光。结果科室里那个"大魔头"主任拍了拍会议室的桌子，提议在周五晚上下班后全体开季度复盘会议，总结反思一下自己本季度的工作。

"大家今晚都没什么事吧？"

"有事！我做梦都想赶紧下班去吃火锅了，谁要留下来陪你搞什么反思大会呀？"莉亚脑海中已经有个泼妇在指着主任的鼻子破口大骂了！

但是，作为一个成熟的、情绪稳定的成年人，莉亚选择了沉默，尽管她还是很希望有个刺头同事能揭竿而起，帮大家"出头"。可惜，大家都不是傻子，领导都发话了，谁敢提出抗议呢？

有的老油条甚至按捺不住了，说："主任您说得对！咱们就应该多安排这样的学习讨论会，这样才能更好地总结经验、吸取教训，提高业务能力，我第一个配合您的工作！"

此话一出，大家纷纷表示赞同，莉亚见势，心中已知周五快乐之夜无望，干脆"破罐破摔"，变身主任的"狗腿子"，说："主任，我去安排会议室和订盒饭，您还是吃叉烧饭套餐吧？"

这一幅具体的"职场内卷"图景，在脑科学领域被称为"在同辈压力下，个体自发地进入竞争模式"的现象。

有意思的是，许多人认为**同辈影响**是一种积极的力量，如果在儿童和青少年教育中妥善运用同辈影响，会对儿童和青少年的团队合作能力、共情能力，以及善心的发展有很大帮助。

2023年有一篇社会学文献，选择了136名年龄为11~14岁的青少年来进行研究。研究人员设置了一个情境，把这群孩子纳入当地不同的慈善组织中，并向他们介绍说，这些慈善组织会要求他们利用10分钟的休息时间来帮组织做一些力所能及的慈善劳动（比如，帮忙装慈善活动要用的信封）。随后，研究人员问孩子们："你们愿意捐出这10分钟内的多少分钟来做慈善？"

每一个孩子都会进行三轮"时间捐赠"：第一轮，每个人根据自己的内心意愿来决定要捐出多少慈善劳动时间；第二轮，研究人员会告诉他们，在他们同学校、同年级、同性别的同龄人中也有人参加了这个研究，而且研究人员会在屏幕上展示对方在这一环节选择了捐多少时间来做慈善，并且要求孩子选择跟他的同龄人一样的时间（这个过程是为了训练孩子的"复制"行为）；第三轮，孩子们又可以自主决定自己要捐赠的时间。结果显示，在实验开始时，所有的受试者愿意捐赠出来做慈善的时间几乎相同，个体之间差距不大。而在第二轮，大家会"被迫"选择跟他们的"神秘同龄人"一样的时长，当然科学家们会在这个环节"动一下手脚"，他们给每一个孩子设置的时间不同，有的长一点（平均为8分钟），有的短一些（平均为2分钟）；等到第三轮再让孩子们重新自主决定时，他们发现，在第二轮"被迫"跟着他们的同辈选择了更长时间的人，会倾向于付出更多的时间去做慈善，而在第二轮跟着同辈选了较短时间的人，会在第三轮相应地减少自己的慈善时长。

是不是很神奇？事实上那个所谓的"同学校、同年级、同性别、同年龄的同辈"并不存在，只是研究人员"设计"出来的虚拟形象。只要告诉受试孩子，"你的同辈们选了更长的慈善时间"，受试孩子就会被影响着做出跟他们的同龄人一样的决定。

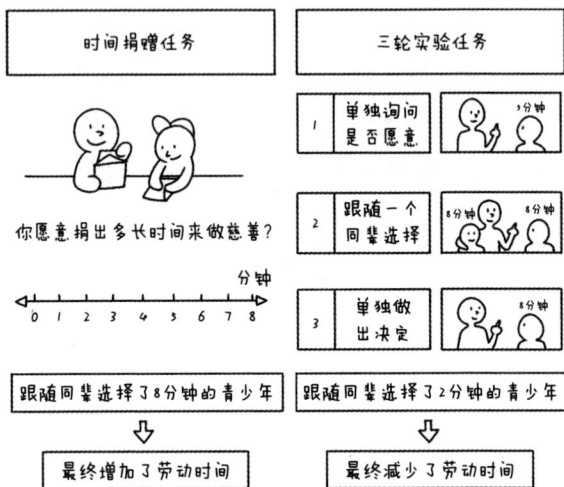

时间捐赠任务

你愿意捐出多长时间来做慈善？

分钟
0 1 2 3 4 5 6 7 8

三轮实验任务

1	单独询问是否愿意	3分钟
2	跟随一个同辈选择	8分钟 8分钟
3	单独做出决定	8分钟

跟随同辈选择了8分钟的青少年 → 最终增加了劳动时间

跟随同辈选择了2分钟的青少年 → 最终减少了劳动时间

很多孩子都熟悉这种被"神秘同辈力量"所影响的感觉。有些爸妈从小到大挂在嘴边的"别人家的孩子"，就是他们用来激励孩子学习和成长的"同辈力量"。

不过，不是所有人都是这么容易被"同辈"影响的，"同辈影响"的力度，可能取决于我们的激素水平。前文中的研究还发现，当人的睾酮（一种雄性激素）水平相对更高且皮质醇水平较低的时候，会更容易在做决定时受到"同辈"的影响。

为了研究高睾酮和低皮质醇究竟是如何影响人的大脑决策力的，前文中的研究人员还专门给这组孩子做了大脑的功能性磁共振成像，以探究他们在经历激素变化的同时，他们的大脑经历了什么样的活动变化。

于是，他们发现，在做出决策时，这群睾酮水平高、皮质醇水平低的青少年，颞上沟后部和颞顶交界处会被激活，而这两个脑区一直被认为是社交脑的重要组成部分。此外，他们大脑的奖赏行为相关脑区——眶额皮质，以及社交情感活动相关脑区——岛叶也被激活了。

所以，我们所谓的"同辈影响"，其实是在特殊社会情境下，我们身体中的睾酮和皮质醇发生变化，使大脑处理社交情感和行为决策的脑区被激活的过程。说得直白一点，我们在职场和生活中见到的"同辈竞争""内卷"这类现象，都是激素在背后"煽风点火"。文章开头莉亚和同事们争相在科室主任面前表现的画面，可以被想象成他们每个人的雄性激素（女性也是有雄性激素的）在一浪接一浪地拍击他们的社交决策与社交情感脑区的结果。

莉亚是具有作为"社会人"的觉悟的，人类的社会关系中天然自带"同辈影响"（有人觉得是"同辈压力"），这在某种程度上也推进了我们的学习和工作效率。所以莉亚也可以反过来利用"同辈影响"去鞭策别人，比如她可以在下一次主任突发奇想要开会时跟主任说："我看隔壁神经内科主任最近抓论文成果很紧，他们组的例会都暂停一个月了，大家都在努力赶科研进度呢。"

不过，同辈影响并不完全受激素系统控制。每个人都有自己的价值评估体系，能独立判断"在与上司搞好关系上跟同事竞争"跟"花费时间完成工作产生更大收益"两件事情孰轻孰重。不要为了"内卷"而"内卷"，人类花了这么长时间进化出来的这么好用的社交脑，可不是给你拿来这么用的。

5.3 不是不礼貌，
我只是"脸盲"

莉亚觉得，进入职场最烦恼的事情，就是要学会"看脸色"。上班时，她得看领导的脸色，看同事的脸色，还得看患者的脸色——不是指需要看患者的脸来诊断疾病的情况。

职场老油条最爱挂在嘴边的一句话就是"我阅人无数，这事你得听我的"，可是他们从来没有说过他们具体是怎么"阅人"的。

有没有这样一本书，叫作《人类脸部阅读使用说明》，可以帮我们"解码"他人的面部表情呢？美国加利福尼亚大学神经计算中心 2014 年发表了一项工作成果，他们发明了一个计算机智能视觉系统，来区分人类的真实面部表情和伪装面部表情。

这个表情识别系统是基于目前神经科学对于人类大脑如何控制面部运动的两条运动通路的认识而设计出来的：①人类自然真实的面部表情是由皮层下锥体外系运动系统控制的，我们在真情流露时脸上的开心

173

笑容或是厌恶地皱眉头，都是皮层下锥体外系的"功劳"；②人类伪装出来的面部表情则受皮层锥体系统调控，锥体系统能够帮人类"模拟"自己并未真实体验过的情绪的面部表情，这个情绪模拟功能在人类大脑中运行得非常完美，以至于很多人都能灵活"管理"自己的面部表情，即使他们内心的真实情绪并非如此。

那么这个表情识别系统是怎么运行的呢？很简单，发明者们认为，自然状态下，人类任何情绪的信号都有特征性的**"行为指纹"**（或者"行动代码"），无论我们伪装得多好，"行为指纹"都不会变，系统只需要在扫描志愿者的面部表情时，将各种表情特征信息去跟他们的"行为指纹库"进行配对，就能"读出"志愿者的内心真实情绪。

我想你应该和莉亚一样，迫不及待想知道人的情绪都有哪些"行为指纹"了吧？

早在 1969 年，瑞典解剖学家卡尔-赫尔曼·约特舍（Carl-Herman Hjortsjö）就已经成功开发了这套**面部动作编码系统**（Facial Action Coding System，FACS）。FACS 可以根据面部外观不同瞬间的细微变化对人类的面部肌肉运动进行编码，当时这个系统被写进一本叫作《男人的面孔和模仿语言》（*Man's Face and Mimic Language*）的书里，非常有意思。

　　如今，这套面部动作编码系统又得到了更新和完善，且被广泛应用于医学和心理学研究中，尤其是当患者本人无法准确描述内心状态时，医生便可以根据患者的面部表情来评估他们的情绪程度，例如用来评估阿尔兹海默病患者的情绪，或者评估抑郁症患者的情绪。

　　他们给每一种面部肌肉动作都标记了特定的编码，而不同的编码组合会指示观察对象的情绪状况。比如，幸福的面部代码是 6+12，悲伤的面部代码是 1+4+15，厌恶的面部代码是 9+15+17。

　　让我翻翻"密码本"，来翻译一下：1 指代的面部动作是眉毛内侧提升，4 是眉毛降低（就是皱眉头），5 是上眼睑提升（眼皮抬起的动作），6 是腮部提升，9 是提唇肌收缩，12 是唇角拉开，15 是唇角下压，17 是下巴抬高。

　　所以幸福的人脸上应该是这样子的：两侧面颊抬高，唇角向两侧咧开。真的很有画面感呢！

　　再看一个人厌恶时的表情：提唇肌收缩导致上唇和鼻翼向上抬，唇角下压，下巴扬起。我仿佛看到了上司在看我写计划书时的样子！可能在做厌恶表情的人并未察觉，但是对面的人已经体验到压迫感了。

　　仔细对比，当人处于正面情绪和负面情绪时，面部的细微动作真的很不一样，开心和幸福时整个人是肌肉放松的，面部整体是开放上扬的状态；而厌恶、愤怒或紧张时，我们的面部看起来就充斥着"紧绷感"，所以我们会眉头紧皱、双唇紧闭、唇角下压、鼻翼外扩等。

还有一些情绪，只会发生在一侧面部，比如鄙视对应的面部动作是右侧的唇角向旁侧拉伸，感觉到右侧要被"挤出一个酒窝"来了。

掌握了这套表情密码，我们便可以伪装出各种各样的情绪来，就像学舞蹈一样，只需要照着这个列表里的动作串联就行了。反过来，我们也可以从别人的面部表情和动作中读取对方的内心情绪、判断对方的需求、预估对方的行为，并根据这些信息做出不同的社交决策。

这在心理学中叫作"**面部感知力**"，很多有社交障碍的人都缺乏一定的面部感知力，例如孤独症儿童。孤独症儿童存在典型的面部识别困难和情绪感知障碍，他们在识别人类面部表情时的"运行机制"与正常人有所不同。正常人会像前文所说的那样综合全脸的各个肌肉运动单元信息来做出情绪判断，而孤独症患者则做不到这样，他们只能把注意力放在人脸的局部（通常是下半张脸，尤其是嘴巴那里），所以这类人很难跟其他人进行眼神交流。

精神分裂症患者也存在表情感知困难，他们能够轻松识别出他人的"愉悦"表情，却识别不出他人的"害怕"和"恐惧"等负面表情；甚至他们在照镜子看自己的表情时，感知都很容易变得"扭曲"，甚至产生幻觉。像是有些人，吵架时对伴侣的愤怒视而不见，却在每天照镜子时都感叹自己帅气逼人。

言归正传，想在社交场景下学会"看人脸色"，是有科学的、行之有效的"指南"的。因为人在不同情绪状态下，自然表露出来的细微表情存在天然区别。只要我们经历得多了，脑海中就会慢慢建立起一套"面部表情–情绪识别"记忆体系，从此看人脸色这种事情对我们来说就跟开卷考试一样简单。

不过有一点需要特别注意，就是正常人的情绪识别机制是偏向于整体感知的，这提示我们在"看脸色"时要注重整体观察、综合感知。

5.4 "八卦"也会变成强迫症

莉亚的手机传来一则系统通知："在过去的一周，你的手机平均每日使用时长为 12 小时 44 分钟，较上上周增长了 11%。"

莉亚简直不敢相信，从数据上来看，她每天除了睡觉和洗澡，其他时间几乎都在用手机。

她想改变自己，摆脱这种"手机病"，可是又无法下定决心。

"不如试试把手机放进抽屉里吧，这样我就不会忍不住老是查看微信消息了。"

"不行，万一领导有急事找我怎么办？我可能会错失许多工作机会的。"

"那好吧，那你睡觉的时候别把手机带进卧室总可以了吧？领导晚上也要睡觉的，总不会一直催你工作。"

"可是我睡前想翻翻朋友圈，看看我的朋友们一天都干了什么，我不想脱离朋友们的生活。"

莉亚真的很害怕自己会被集体"甩在后面"，一想到自己要是因为缺席了某项集体活动，导致别人都在进步和收获，而她自己还在原地踏步，她就焦虑得睡不着觉。莉亚回想起来，自己这个"毛病"估计是从小被自己爸妈给"恐吓"出来的，她小时候生病请假在家，爸妈就总是在旁边着急，担心她上课缺席几天会导致成绩落后于她的同学们。

不仅莉亚如此，进入21世纪以来，越来越多的人变得沉迷电子产品和网络世界，所谓的"手机病"，早已被学术界赋予了一个学名，即"**错失恐惧症**"，英文全称为"Fear of Missing Out"，缩写为"FOMO"。严格说来，这不算是一种医学上的疾病，只是一个流行语，用来形容现代人被社交媒体"从精神和肉体上捆绑住了"，因不满于自己的现实生活而沉迷于网络，后又被网络上的花花世界的对比深深伤害到，发现小丑始终是自己的悲惨故事。

上海交通大学媒体与传播学院的一项研究发现，

人类大脑在静息状态下（即大脑在不进行思维活动时）的脑电图网络结构改变，可能会触发"错失恐惧症"。此时人类会变得焦虑，强迫性检查手机消息和不停地刷朋友圈看别人都在干什么；不自觉地将自己的生活跟网友的生活进行对比，且经常会为自己生活中的一地鸡毛感到沮丧。长此以往，人们会在网络世界中迷失自己，感到心力交瘁，但是仍然无法从中脱离。从精神学家的视角来看，有"错失恐惧症"的人会表现得容易疲惫、处于焦虑或抑郁状态、难以集中注意力，甚至难以入睡。

大家都很关注这种"错失恐惧症"的大脑机制。有些神经科学家认为这是大脑的**奖赏系统**在"从中作梗"，我们每一次在网络平台发布一则动态，大脑的奖赏系统便会开始"渴望奖赏"，期待别人给我们的动态点赞，期待更多粉丝关注我们的平台账号。每一次获得点赞、评论、收藏和关注，都是在给发布者的大脑"放烟花"，多巴胺一直在释放，这种感觉真的让人上头。因此，发布者时不时就要打开手机查看那条动态的互动量，生怕错过什么令人激动的消息。

不仅如此，患"错失恐惧症"的我们还总爱跟网友们在社交媒体上较劲。我们分享自己精心挑选过的照片，经营自己的"人设"，而一旦圈子里的好友发布了比我们更好看的照片,炫耀着更松弛的生活,那种嫉妒和不爽的感觉马上就涌上来了:"为什么别人可以不费力气地过上那么美好的生活,而我只能像个裁缝一样缝缝补补?"

虽然屡战屡败,但是我们"身残志坚",擦擦眼泪仍然要继续上网!因为我们不是单纯的"手机上瘾者",而是"**身份隐秘的错失恐惧症患者**",能击垮我们的才不是"攀比失败",而是"被人丢弃",我们要的只是集体归属感。所以精神学家认为,追求归属感,才是"错失恐惧症"的根源,为了与别人形成更多社交联系,人们越来越对手机上瘾。

没错,如果说老一辈每天下班最爱的是去村口大树下跟邻居唠嗑,炫耀自己人脉的方式是看自己的手机联络簿有多少个人的电话号码;那咱们这一代人最爱的便是整天在不同社交平台上蹦跶,还到处吹嘘自己的内容有多少观看量和账号有多少粉丝数量。正所谓,每一代人都有每一代人的"错失恐惧"症状。

可是,我们这么关注自己的手机,真的给我们的学习和工作发掘了更多机会吗?恰恰相反,一项教育界的研究发现,学生的"错失恐惧"越严重,他们在课堂上就越容易注意力分散,课堂表现就越差。而且,即使我们真的在社交网络上很活跃,交了很多朋友,也不等于我们的社交能力和社交脑很强大。

20 世纪 90 年代，神经科学家们在开展社交大脑研究工作时，就苦于自己的研究工作只能把研究对象局限于一个孤立的环境中。通常，研究人员会让志愿者独自一人，给他们一些社交信号，让他们做出反应，并记录他们的大脑活动。这样的研究方法显然是不够科学的，研究社交脑的活动，当然是要把人放到一个真实的社交场景中，观察人在应对不同人时的表情阅读能力、情绪感知能力、气氛观察能力、行为应对能力，以及背后可能产生的大脑变化。

因此，锻炼社交大脑也不可能通过一个人闭关修炼来实现，更不应该奢望能在虚拟的网络环境中完成。我们必须要放下手机，摆脱"错失恐惧"。首先，要时刻提醒自己，网上发布的东西并不是人们真实生活的全部，我们心里都明白，那大多数都是"精心缝缝补补"起来的美好假象。其次，要精心安排自己的时间，把更多时间放在与身边人的相处和交流上，因为当下触手可及的人和事物才最有可能给我们带来能量。最后，明确我们使用手机和社交媒体的初衷，是为了生活和工作方便，而不是为了成为它们的"奴隶"。

5.5 "暴力"成瘾的神经机制

你觉得"欺凌"这个词离你远吗?

我脑海中总是浮出这样的画面:一群"杀马特"少年将一个老实孩子逼到墙角,拳脚交加;那个孩子双手抱头,整个身体蜷缩在一起,不敢吱声,因为他越喊疼,对方会打得越狠。

小孩子才这样不加掩饰地实施暴力,在成年人的世界里,欺凌的方式更加"高级"而隐蔽,像容嬷嬷的针扎进了你的皮肤那样,你痛苦不堪,却找不到证据,仿佛世界上并没有凶手,你只是一个爱捕风捉影、草木皆兵的"神经病"。

2016 年,美国的菲斯伯格神经科学研究所和弗莱德曼脑研究所的团队在重磅科学杂志《自然》发表了一篇研究,揭示了动物在攻击与被攻击行为关系中的大脑机制变化。

在这个研究中,科学家把一只攻击性强的基因变异小鼠和一只普通的小鼠放在同一个小格子里,让它们每天"相处"3分钟，连续3天之后，他们发现那只攻击性很强的小鼠会慢慢在这段"关系"中占据上风，逐渐发展出一些攻击性行为，而那只"被攻击"的小鼠则变得越来越"拒绝"跟对方待在同一个空间里。

研究者们很好奇两只小鼠的身体内部变化，于是给两只小鼠抽血检查，结果发现暴力小鼠血液中的睾酮水平明显升高，而皮质醇水平明显降低了，怪不得这家伙看起来威风凛凛。

那它们各自的大脑又正在经历什么样的变化呢？

我们把镜头聚焦到小小的脑细胞功能单元上，想象咱们大脑里面有两个神经元也正在"交流"。它们之间的交流方式就是各自伸出自己的"触枝"（即轴突和树突❶）跟对方对接（即**突触**），并传递一种包在小囊泡里的信号分子（即**神经递质**）。

你若想知道处于攻击状态下的大脑里的两个神经元正在说什么悄悄话，那你得知道信息素是什么。

在研究攻击行为的大脑生理学机制方面，我们发

---

❶ 轴突和树突：就像从每一个细胞中伸出来的手臂一样，可以穿行在不同大脑区域中，跟其他大脑细胞的"手臂"进行"牵手"，构成突触，建立联系，实现信息交流。

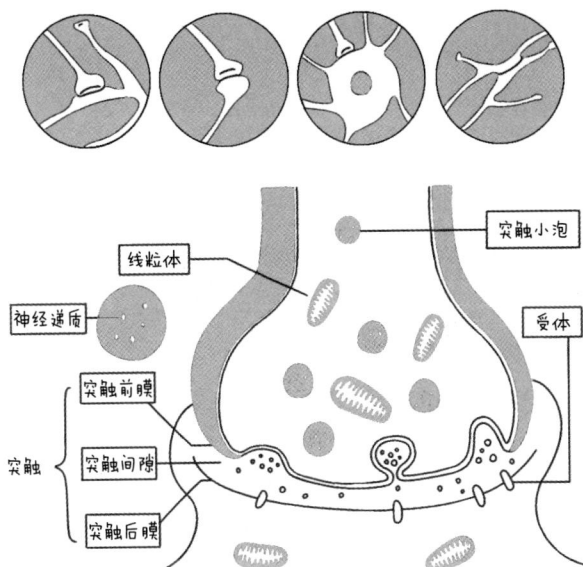

现，大脑在发起攻击行为时，其内部反应最激烈的"信号"是一种叫作 γ-氨基丁酸的神经递质。γ-氨基丁酸是一种抑制性的神经传导物质，我们可以把它当成是大脑内的"镇静使者"。科学家发现，那只攻击性很强的小鼠在攻击另一只弱势小鼠时，大脑分泌和传输的 γ-氨基丁酸明显减少了。这意味着，它脑内的"镇静剂"少了，它的大脑没有办法冷静下来了，取而代之的是不受控制的"畅快"！

我们可以在很多社会新闻和影视场景中观察到类似现象，变态杀人犯在折磨受害者时会感受到嗜血的快乐，校园小霸王很享受那种欺负老实同学的爽感，上司会在打击和使唤下属的过程中体味到"权力"带来的美妙滋味……他们大脑内的"镇静系统"完全失控了！

长此以往，施暴者大脑的奖赏回路就会失衡，一些小小的"刺激"都会触发他们的攻击行为。例如，据哈佛大学一项脑科学研究报道，天气变热或者空气不好，会导致疯狗咬人的概率升高（我没有骂人的意思），疯狗的大脑"镇静系统"受环境影响失调了，导致它们变得爱乱咬人了。没错！这个大脑调节机制跟人类在施行欺凌行为时是一样的。宾夕法尼亚大学研究人员发现，即使是天生攻击性不强的雌鼠，只要让它们尝到了一点"暴力行为带来的胜利快感"，它们也会变得越来越有攻击性。很多人就是这样一步一步被诱惑着，在大脑奖赏回路的控制下，走向深渊的。而恰恰相反，被攻击的小鼠脑内的 γ-氨基丁酸分泌会受到促进，以至于我们看到它表现得安静、软弱，甚至想把自己尽可能缩到小小的角落里去。

同样，在长期的压迫下，受害者的大脑也会被重塑：有过被肢体攻击或语言羞辱经历的人，大脑中与疼痛感受有关的脑区（比如背侧前扣带皮层、膝下前扣带皮层和前岛叶）会很活跃。所以我们经常会听到

"当他们嘲笑我长得丑的时候,我感觉心脏都要碎了"这样的话,他们是真的感觉到了生理性疼痛。在童年时期被欺凌过的孩子,在观察到别人脸上出现厌恶或生气等负面表情时,他们大脑杏仁核等脑区会变得异常活跃,所以这也解释了为什么长期受欺凌的孩子总是特别懂得"察言观色"。此外,他们的学习和记忆、认知和决策等相关能力也明显受到了"打击",所以学习成绩直线下滑,工作表现越来越糟糕。精神上,他们会表现出抑郁、焦虑、害怕,以及社交撤退,甚至会发展出自残行为。心理学家桑德拉·鲁格(Sandra Rueger)的研究发现,人受到欺凌的时间越长,他们的这些精神异常表现会越严重。

综合欺凌者与被欺凌者的大脑变化,我们会发现,随着欺凌关系的进展,局面会愈演愈烈,呈现出"**强者越强,弱者越弱**"的趋势。

难道,就没有任何办法可以阻止欺凌行为了吗?

我很难过,起码在这本书里,我提不出什么宏大的、有建设性的科学建议,我只能从脑科学的角度出发,讲讲面对欺凌行为时,我们可以怎么做。

首先,你要知道,欺凌者在攻击别人时的"爽点"在哪儿?最新研究发现,欺凌行为跟大脑奖赏回路的异常活跃有关,所以"奖赏"本身会加剧他们的欺凌行为。而在欺凌者眼中，弱者的怯懦和求饶、"观众席"上的旁观者的存在，都会加剧他们的攻击行为。所以你越求饶，他们打得越狠，你越害怕，他们越有"成就感"，这种"成就感"会继续助燃他们的大脑奖赏回路。

所以，要"无视"对方的恶意挑衅和攻击，不要硬碰硬，也不要害怕退缩，学会向老师和家长求助。如果你面对的是职场欺凌，那就有点复杂了，无论如何，先保护好自己，再想想如何寻求帮助。

其次，长期被欺凌的人，会慢慢地形成"被欺凌脑"，即使后面到了一个健康良好的关系中时，他们的大脑也会不自觉地"自己欺凌自己"。我们要警惕这一点，建立强大的自我，给自己强烈的正面心理暗示，切忌走入"自我欺凌"中。

5.6 "人格"真的 存在吗

莉亚有两副面孔，她在医院工作的时候，是"社交悍匪"，无论是跟带教老师还是跟护士小姐姐，她都能找到话题跟人聊天，非常招人喜欢；可是，莉亚也很享受一个人静静待着，她觉得那是"私人时间"，是让自己得到充分休息、沉淀自我的好方法。

要是用现在主流的人格类型来鉴定莉亚，你说，她是外向型人格（e 人），还是内向型人格（i 人）？

统计学上有种分布叫作**正态分布**，也叫"常态分布"。意思是说，在正常情况下，一般事物都符合这样的分布规律，比如人的身高作为一个随机变量，人群中特别高的人和特别矮的人都只占少数，大多数人的身高都集中在平均值附近。人的性格也符合正态分布，极端的外向型人格和极端的内向型人格的确存在，但是中间可能还有超过 95% 的人，是处在外向型跟内向型之间的**"中间型"**人格。

其实严格说来，这不叫"中间型"，而叫"矛盾型"人格。这种新的人格是一位叫作伊恩·戴维森（Ian Davidson）的精神科医生在他2017年发表的一篇论文中首次提出的。

过去大量的人格测试和研究工作都只关注了极度外向型和极度内向型这两类人群，外向型的人更加快乐，更喜欢和擅长社交活动；内向型人群在学术研究中往往比外向型的人表现更好，因为他们更能专注于研究，而不是其他事务……然后大家慢慢意识到了，在内外向型人群中间的绝大多数人，才更应该被研究！因为中间这部分人占比最大，他们的性格才能代表整个社会普通人的**典型性格**。

于是，精神医学和社会学研究慢慢发现中间型人群才是全人类的"宝藏"。宾夕法尼亚大学教授亚当·M.格兰特（Adam M. Grant）在他2013年发表的一篇探讨人类性格的论文中指出：在联络中心的接待员团队中，中间型人群的收入显然比他们的外向型或者内向型同事要高一些，因为中间型人很灵活，他们自信又热忱，说话很有说服力，而又不会显得傲慢和自大，中间型人很擅长倾听客户的意见并且设身处地为客户考虑。

麦吉尔大学的一篇研究也发现，中间型人群在商务活动中有着比其他两类极端人格更强的决断力和领导力。外向型人擅长社交和沟通，却总是只顾着侃侃而谈，不懂得倾听；内向型人只听只做，但不爱沟通。而中间型性格的管理者，结合了二者的优点，外能沟通表达鼓舞人心，内能倾听包容给人留点自我空间，这样的领导谁不爱呢？

看到这里，我想大多数人都应该重新定义一下自己的性格。其实，绝大多数人都是中间型，只是会因为社交场景不同，在内向型和外向型之间转换。聪明的人，都很会根据场景来切换自己的性格，我们要学的正是这一点。

那么，从脑科学角度来看，外向型人跟内向型人在大脑基因和大脑结构上有什么区别呢？

目前的研究结论可以总结为两个方面。一方面是**多巴胺假说**，主张人的外向程度与其大脑的多巴胺功能有关。外向型人的大脑，多巴胺的功能更好，纹状体和前额叶这些富含多巴胺的脑区的体量更大。另一方面则认为内外向与人脑**前额叶负责奖赏机制的脑区的活跃度**有关。外向型人会比内向型人更期待奖赏，得到奖赏后大脑的反应更强烈。看来，我们想要操控自己的性格，需要对两样东西下手，一个是多巴胺，一个是前额叶。

让我们大胆地设想一下：如果莉亚站在一场盛大

的交流会现场，她今天的目的就是要让更多人熟悉她的研究工作，与更多同行建立业务联系，那她势必要变成一个外向型的人。她该怎么做呢？有没有多巴胺可以吃一下？能不能给大脑前额叶充会儿电？

当然可以！怎样可以刺激大脑分泌更多多巴胺？一切有利于人类繁衍和进化的活动，都能刺激多巴胺分泌：吃饭喝水（最好是高能量的食物）、夸奖自己、奖励自己、和爱人亲密互动等。那么，莉亚其实可以先去拿块小蛋糕吃。

至于刺激前额叶，也很简单。前额叶主要负责处理听觉信息和语言信息等，这就意味着，我们可以通过声音来迅速唤醒前额叶。时间紧急，莉亚能做的就是尽可能地开放她的听觉感受渠道，比如竖起耳朵听听旁边两位大佬在聊什么，找到机会加入他们的谈话。

欢庆过后，宾客散去，莉亚也该收好心思、专注于工作了，这个时候得把自己切换回内向型人设。

首先，莉亚需要一个独处的时间和空间。她可以把室内灯光调暗，关好窗户隔绝室外噪声，暂时关闭一下身体接收外界光线的视觉通道和接收声音的听觉通道，让兴奋的前额叶冷静下来。

其次，多巴胺这个给糖吃才愿意跟你玩的家伙也该整治一下了。我们不能一直被它掌控大脑思维，也不能一直靠给多巴胺奖赏来持续兴奋大脑，不然大脑会胃口越来越大，以后再想唤醒这群多巴胺能神经元，恐怕需要更高价值的筹码。

莉亚发现要马上从原来的喧闹中抽离还是有点难，甚至觉得心理落差很大，有种被多巴胺冲昏了头脑之后，一下子又被一巴掌拍回了现实的痛感。此时可以先等一下，安静地独自坐 10 分钟，不要思考也不要玩手机，享受一下"无聊"，多巴胺感到实在"无趣"，就会自觉消退了。

我们每一个人的大脑都有随时在外向型和内向型人格直接"切换"的能力，至于如何选择，有时是身临其境，我们身不由己；但有时也有可能是我们为逃避现实世界，用"性格是天生的"来给自己编织的舒适区。内向型人一直给自己营造"社恐"人设，不主动与人交流，外向型人总爱以"性格大大咧咧"为借口，打破边界冒犯别人。我想，或许这才是我们在研究人类性格时要面对的难题吧。

5.7 "相信"的 巨大力量

莉亚其实很讨厌写阿拉伯数字"8"。在她人生第一堂数学课上，老师教他们认阿拉伯数字"1"到"10"，当天的课堂作业就是回家抄写这十个数字二十遍。莉亚花了一晚上，都摸索不出"8"应该从哪个位置开始"画"起。最后，她的妈妈终于忍不住情绪爆发了："这么简单的事情都做不好，让我以后还怎么对你的学习有信心？"莉亚一下子就伤心了，比起数学作业做不出来，妈妈的不信任更加令她沮丧。

直到现在，莉亚都深受这种情绪困扰。因为她发现自己在不被信任或者不信任别人的时候，整个脑子根本没有办法做出理智思考，满满都是负面情绪，这很影响她的学习和工作。

我们的大脑，在处于信任和质疑状态下的活动会是怎样的？

美国密歇根州立大学的科学家 D. 哈里森·麦克奈特（D. Harrison McKnight）的人类信任研究，给出了一个衡量人的信任度的研究模型。基于网络交易平台上的买家评价（沟通态度、物品描述符合程度、发货速度等）和平台保险体系的健全程度，研究者将平台上的卖家划分为四个类型：高可信高风险型、高可信低风险型、低可信高风险型，以及低可信低风险型。例如，低可信低风险型卖家的特征是，过去的交易表现极其糟糕（可能沟通态度恶劣、发货延迟，甚至有交易失信记录），但是由于交易平台的管理严格，保障体系完整，所以买家虽然心里害怕跟这样的人交易，但是这种担心随后会被平台完善的保险制度缓和掉。

实验过程中，研究人员会让志愿者（买家）到平台上找这些卖家买一台价值为 100 美元的 MP3 播放器，并且要求志愿者根据这四种不同类型卖家的信任指数来给出自己的心理预估价格。

研究结果显示，志愿者给了高可信高风险型卖家 84 美元、高可信低风险型卖家 98 美元、低可信高风险型卖家 77 美元，以及低可信低风险型卖家 93 美元的出价。看来，人对另一个人的信任程度会影响大脑的**价格评估系统**，虽然其中具体的机制尚不明确，但是显然大脑会愿意给信任的对象"更高的价格"。

不久后，休斯敦大学的一位科学家也利用了这个信任度研究模型，并在买家做估价时通过功能性磁共振机器来拍摄其大脑皮层的活动变化,以寻找大脑在信任和质疑时的活动特征。

这个大脑活动扫描的结果回答了我们生活中的很多疑惑。当志愿者的大脑在进行信任判断(例如,该实验中具体表现为正在给高可信型卖家的 MP3 估价更高)时,其前扣带回皮层、尾状核和壳核脑区会高度活跃。

这些脑区是如何与信任行为联系起来的?既往的脑科学研究发现,尾状核的"兴奋"多发生在当一个人得到奖励的时候或者当大脑正在期待奖赏的时候,且尾状核的兴奋程度与奖励的强度有关。前扣带回皮层则更多地在进行"对对方行为的预测",如果它"预测"到对方会诚信交易,那它就会对卖家有信心,此时表现为该脑区的活动增强。

紧接着,这些被信任行为所激活的脑区的神经元会向掌管大脑更高级决策的脑区进行投射,鼓励大脑"想得"乐观一点,积极起来,多多做出理智决策。所以我们能明显感觉到当自己被别人肯定的时候,无论做什么都很有干劲,脑子也会转得很快。D. 哈里森·麦克奈特还把信任细分为信用度和仁慈度两个维度,发现人在表达信任时会变得更加善良和仁慈。而当我们进入质疑机制时,大脑的杏仁核开始蠢蠢欲动。可别忘了，杏仁核是大脑内最"情绪化"的小家伙，一旦咱们的大脑被杏仁核掌握了主动权，那可就没完没了了！我们会不受控制地被负面情绪所笼罩，许多认知过程都会受到干扰而无法正常进行，我们也会开始变得"意气用事"，攻击性增强。

而且，人在表达不信任（质疑）的时候有一个情绪特征，就是"害怕失去、害怕被对方背叛"，跟这种反应最相关的是大脑岛叶。所以当人陷入这种情绪时，岛叶会变得兴奋，大脑会因此进入危机评估和风险躲避模式。

你看，我们的大脑其实"很好掌控"。它只需要得到一点"信任"，就会变得正面且善良。生活中很多场景都需要人类互相信任，而表达信任最简单的办法就是去肯定对方："你做得很棒，妈妈像你这么大的时候都做不到像你学习这么好呢""你的研究报告写得很漂亮""你做的菜真好吃"……肯定并不代表盲目表扬，而是找到对方的闪光点，找到谈话的切入口，一旦话题是从肯定对方展开的，双方就会建立起信任关系，也许这个过程不会很快，但是信任是可以随着双方相处时间的增加而累积的。

双方互相肯定只是第一步，大脑对一个人的"信用评估"是多维度的。要想保持稳定持久的信任，就要多做"靠谱的事"。就如 D. 哈里森·麦克奈特的信任度研究模型中用到的网络交易例子那样，我们要一直"诚信经营"，让外界对我们形成正面印象。

在进行信用评估时，大脑也会启动"自我保护机制"，比如前面提到的杏仁核和岛叶，会启动"危机评估"和"风险躲避"功能，会结合很多现场信息和大脑记忆来判断对方是否值得信任，给对方"打分"。这个"分数"是一直在更新的，一旦对方的"分数"过低，大脑就会"报警"，我们就会做出远离甚至抗拒对方的行为。这并不是什么坏事，我们不必跟所有人都保持紧密联系，遇到气场不合的人，也不必勉强。

第 **6** 章

"恋爱脑"
长什么样

6.1 大脑的 "性别优势"

莉亚一直觉得自己的空间感很差,她开车总是找不到路,而她的男性朋友们好像天生就有认路能力。

好像这种男女性的空间思维差距在她高中的时候就已经开始显现,班级里的女生学起几何和物理的时候,总是比男生要吃力。

男性脑和女性脑,到底在哪儿存在差别呢?

从发育最开始的地方来看,男性和女性的差异,是来自性染色体——男性的性染色体为 XY,女性的性染色体是 XX。

男性的 Y 染色体很重要,因为它在宝宝还在妈妈肚子里(第 18~第 26 周)的时候,就开始发挥作用:唤醒睾丸发育,促使其大量分泌睾酮。睾酮会改变胎儿的大脑结构,标志着男性脑的出现。

与此同时,女宝宝的身体也开始分泌雌性激素,推动胎儿大脑走向女性化。由此,出现了男性脑和女性脑。从大脑构造上来看,即使去除了男女性本身体型的差异，男性的大脑总体积仍比女性的更大，男性脑的神经元（俗话说的"脑细胞"）约比女性脑的多4%。尽管女性脑的总体积比男性的要小，但女性脑的额叶皮层和边缘系统体积却更大。

大脑的额叶区域主要负责人类的语言能力、思维判断能力、决策判断，以及控制冲动等高级认知功能，大脑的边缘系统主要调控人类的情绪反应。因此，女性会比男性有更强的语言学习能力，有更强的直觉（也可以说是"第六感"），更乐于与人合作共事，更有共情能力；当然，也更容易产生情绪波动，更爱杞人忧天。

此外，女性脑的海马体比男性的大，海马体负责大脑记忆，所以很多时候女性的记忆力更好。

女性的杏仁核比男性的小，所以，在面对外界危险和挑衅时，女性不会像男性那样容易产生愤怒情绪、冲动行事。

女性的大脑顶叶比男性的小，所以女性的空间感较差，就像莉亚那样，开车离不开导航，分不清东南西北。给女生指路的话，你不能跟她们说"向东走200米，再往北走50米"，你得说"到前面的星巴克右转，朝喜茶的方向走，那家店就在喜茶右手边"。

女性的脑细胞总数虽然少，但是这些大脑细胞发出的细胞轴突和树突却很有默契地集中分布到了大脑额叶上。这意味着，遇到问题时，女性更加擅长多个脑区沟通协作解决问题。

除了基本的解剖学构造区别，男性脑和女性脑的不同功能脑区的活动也存在差异。美国脑科学家丹尼尔·亚蒙博士在一项研究中，比对了 2.6 万份健康的同年龄段的男性与女性大脑的单光子发射计算机断层成像术（Single-Photon Emission Computed Tomography, SPECT）[1] 结果，发现在被检查的 80 个大脑区域中，女性有 70 个脑区的活性普遍高于男性。这种大脑活动差异并不仅局限于同年龄段的男女性之间，还可能体现在不同健康状态和不同社交能力水平的男女性之间。

亚蒙找来他的母亲参加实验，亚蒙的母亲虽然已经 60 岁了，但身体一直很健康，社交能力也很强，亲戚朋友都很喜欢她。亚蒙检查了他母亲的大脑影像，惊讶地发现，亚蒙母亲的大脑 SPECT 扫描图像结构比他自己的更加饱满对称，呈现出很健康的状态。他不禁对自己母亲的大脑产生了**大脑妒羡**。

---

[1] 一种放射性同位素断层成像技术，通过向人体注射放射性核素，并追踪这些核素在大脑血管内的分布情况，展示大脑不同脑区的血流情况和活动模式，评估各脑区的活跃水平和健康状态。

看来，成年男性和女性的大脑，有着天然的差距，但是，这只是统计学上的差异而已，并不意味着男性和女性在行为和思维上有着天然的差距，也不意味着男女性在工作能力上必定存在优劣之分。我们应该做的，是利用这种大脑的性别优势来扬长补短。

从女性角度来看，女性脑有强大的直觉力、记忆力和共情力，偏"感性"一些，遇事容易情绪化。加上成年女性还会受到周期性的激素变化影响，我们就要清楚自己这一点，提醒自己不要在情绪化的时候做出不理智的决定。

莉亚就很聪明，她会记录自己的生理期情绪变化，掌握自己的激素变化规律，充分了解自己的身体和大脑的活跃水平，且在不同时候为自己安排不同类型的工作。

莉亚知道自己在空间思维能力和动手操作能力上，不像男生们那样有着"先天优势"。她决定对自己宽容一些，不再因为数学成绩比不上同班男生而自我否定，也时刻告诉自己不要逞强。毕竟女性脑的优势在于与人沟通交流，不妨发挥这个社交特长，多去向别人请教问题，多耐心反复练习，并且利用自己的语言表达特长，精心包装自己的工作成果，争取把80分的工作表达到90分的水平。

而男性脑的逻辑能力强、空间感强、动手能力强，喜欢数学、计算机和"会动的"机器，但是情感上有时非常迟钝，可能一不小心就会得罪人而不自知。要想顺利开展工作，就要多训练自己的语言表达能力，多发展社交，努力推销自己。

此外，这套大脑性别优势理论，也很适合用在男女性交流的时候，毕竟"知己知彼，百战百胜"嘛！

现在，你知道当女生向你问路时，该怎么回答了吧？

6.2 恋爱脑科学
——迷人的危险

　　莉亚应该是"恋爱"了，严格说来，她现在还处于单恋状态。对方是跟她在同一栋楼工作的男生，两个人是在大会议上因为位置相邻而认识的。莉亚还记得那天对方穿着干干净净的衬衫，坐得也很端正，她在旁边可以闻到对方衣服散发出来的衣物洗涤剂的味道。后来她专门去超市把货架上的洗衣液都试闻了一遍，终于找到了同款。有时她去对方部门的楼层送文件，看到工作人员栏中挂着的那个男生的工作照，她就感觉到开心。

　　"真神奇。只是跟暗恋的人用同一种味道的洗衣液，只是远远看到对方的照片而已，为什么我会感觉这么开心呢？"莉亚发现，恋爱（即使她现在只是暗恋）真的很让人上头。恋爱是怎么把人的大脑搞得晕头转向的呢？

　　2005年，生物人类学家海伦·费舍尔（Helen Fisher）招募了2500名大学生来参加她的研究，她让志愿者们躺在功能性磁共振成像仪器里，分别给他们展示他们爱人的照片以及熟人（没有爱情的那种）的照片，仪器会分别把他大脑的活动信号扫描并记录下来。海伦·费舍尔的团队接着对每一个志愿者的两种大脑活动图像（看见爱人的大脑图像与看见熟人的大脑图像）进行了对比分析，最终发现，当志愿者们看着自己爱人的照片时，他们的大脑有两个区域是相对更加活跃的，一个是纹状体的**尾状核区域**，另一个是**腹侧被盖区**。

这个结果并不出人意料，尾状核跟腹侧被盖区都是大脑奖赏环路的重要组成部分，富含多巴胺能神经元。当受到外界刺激而活跃时，这两个脑区内的多巴胺能神经元会变得兴奋起来，大量释放多巴胺，此时人的大脑会在多巴胺的影响下充满愉悦感。人类的很多行为都会刺激到大脑的奖赏环路，让人感觉愉快，比如性、爱、进食、喝酒，以及服用成瘾性药物等。

莉亚一看到自己暗恋对象的照片就开心的"花痴"行为也就解释得通了。可是，她总不能整天鬼鬼祟祟地跑去偷窥人家呀！看不到他的时候，莉亚经常觉得心里空落落的，只能借酒消愁。从科学的角度来说，喝酒的确能缓解一下莉亚"爱而不得"的失落感。加利福尼亚大学的研究团队在 2012 年发表的一篇针对果蝇的研究发现：当雄性果蝇求偶失败后，它们的酒精摄入量会比那些"成功抱得美人归"的同伴高四倍。对此，哈佛大学精神学家理查德·所罗门（Richard Solomon）的解释是："喝酒和追求爱情，都是为了让大脑感觉到快乐罢了。"所以说，爱情跟酒精上瘾一样。

总览神经科学界对爱情脑的研究，人们发现：当人刚陷入爱河时，大脑除了会大量分泌多巴胺让人感觉快乐，人的压力激素——皮质醇的水平也会随之升高。可见大脑一开始是把爱情视为一种"危机入侵"的。大脑会"提醒"我们要保持警惕，毕竟我们不清楚对方是好人还是坏人。可是我们终究"抵挡不住"血清素水平的下调，会产生很多与迷恋有关的强迫行为。例如，产生令人抓狂的想法，会抱有期待，也会时常恐惧。人的认知决策相关脑区——前额叶皮质也会降低活动，"暂停营业"。人在这个时期很容易做出盲目的、不理性的决策。

不过我们不要害怕，随着时间流逝（在爱情开始的第一到两年），感情变得浓厚，爱情早期的负面情绪会慢慢消退，我们的皮质醇和血清素水平会慢慢回归到正常水平。大脑不再把爱情视为"危险入侵"，而是视为我们对抗外界压力的"缓冲物"，相爱的人会渐渐成为对方的情感支撑。

既然爱情带来的压力在消退，那是否爱意和快乐也终有一天会消失呢？

文章开头的生物人类学家海伦·费舍尔于 2011 年又开展了一项研究。这一次，她是在一群婚龄平均为 21 年的伴侣们身上进行的研究。她发现结婚二十年的夫妇的大脑内多巴胺富集脑区的兴奋度，跟新婚夫妇的多巴胺能脑区的兴奋度，是一样强烈的。真正的爱情，不会因为时间而消退。

真正会使爱意消失的，是生活中的压力性事件，比如经济压力、家庭事务或者异地分居等。当伴侣面临经济危机或者工作压力时，他们之间争吵的概率会增加，性爱的频率会降低。如果伴侣双方没有保持好相聚与分离的平衡，例如两人长期两地分居，两人之间就会产生"生疏现象"。哈佛大学有一对结婚四十多年的精神学家夫妇在他们讲述如何经营爱情和婚姻的文章中指出："如果你已经好几个星期没有和某人在一起了，你就会开始在潜意识深处怀疑自己根本不认识对方，记不清对方是喜欢在咖啡里加奶油还是糖，也记不清对方是否接得住自己的笑话了。"这个时候，我们需要"重新连接"，好让我们的脑海里重新出现对方生动的形象。

好了，现在我们来上点"干货"，帮莉亚拿下她的小哥哥。

莉亚，下次再在走廊上碰到那个男生，你一定要勇敢地上去跟他打招呼，问一声："你好吗？今天过得怎么样？"看过电影《阿凡达》吗？他们星球上打招呼的方式"I see you"（我看见了你），看似是一句问候，实则是直达内心的理解。一句简单的问候可以让双方的血清素水平都升高，如果对方也接住了你的问候，你们之间的情感联系就会变得更加紧密。

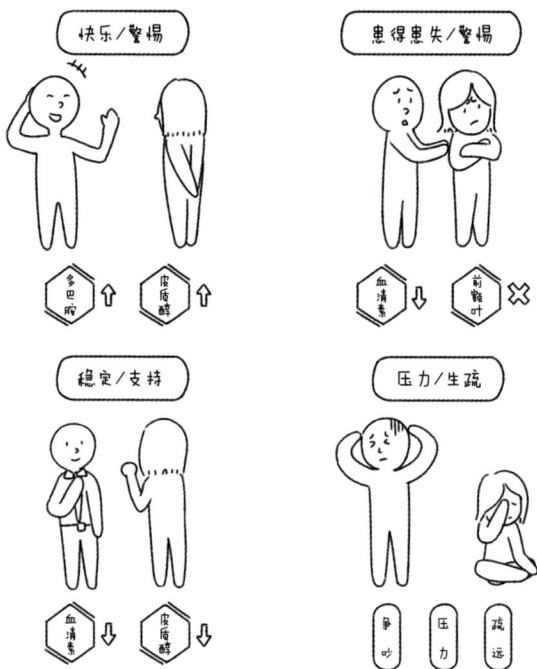

你还可以约他一起去做一些开心的事情。如果两个人同时因为一件事情或一个梗而开怀大笑，那么大脑会记住"在某个开心的瞬间是谁陪在自己身边"，这种记忆足够让对方记住你很久。

如果"时机成熟"了，那就可以试着进行一些眼神接触和身体接触了。一个眼神、一个拥抱或是牵手，都能够很好地刺激大脑分泌催产素，让人感受到被信任、被关注以及被爱着，持久地刺激催产素分泌也会让对方更加渴望与你有更多的故事发生。

6.3 爱情是脑内的共鸣

"这次我们要来谈谈性，你们会觉得不自在吗？"莉亚的初中生物课老师站在讲台上问莉亚和同学们。

莉亚举手问："老师，什么是性？"

"性是动物为了繁衍和生殖，实现物种延续而进行的一种活动。"

同学们打开了书本，观察着书上男女生殖器官的插图，既好奇又很不自在，有些比较早熟的男生还会开始调皮捣蛋，表现得很兴奋。

莉亚就不理解了，为什么一谈到性，有的人就这么兴奋呢？

那也怪不得他们，性，真的很吸引人。

1999年，荷兰的一群医学家做过一个很"无聊"的研究，那就是通过一台改造过的核磁共振成像仪器来拍摄男女性交过程是什么样子的。很多人说这项研究严格说来并没有什么"研究意义"，但是，那篇文章却成了当年该科学杂志点击量和下载量最多的文章。

而且这项工作获得了 2000 年的搞笑诺贝尔奖。

我们总是要从中学到点东西的。这群研究人员找来了 8 对情侣和 3 名单身女性做了磁共振成像，拍摄到了他们在进行传教士体位的性爱活动时的生殖器官状态。他们发现，在性交时男性的阴茎形状可能跟我们以往想象的不太一样。以往大家都以为此时阴茎在体内是笔直的或者呈 "S" 形弯曲，但其实是像回旋镖一样有个 "大折角" 的。而且，能够进入女性体内的阴茎长度应该还包括三分之一的根部长度。而女性在性唤醒状态时，她们的子宫会向上抬高，阴道的前壁会延长。很显然，这些生理变化都是为了让双方在性爱过程中能够接触得更 "深入"。

科学家们似乎对人在进行性爱活动时的大脑活动更加感兴趣。

2020 年，芬兰阿尔托大学的精神科学家们改造了一台磁共振扫描仪，这台磁共振仪器可以容纳两个人并且可以同时扫描他们的大脑活动。这个研究方法很重要，毕竟以往我们关于性爱脑的研究都只局限于对男性或者女性单方面的观测，很少有研究可以同时记录伴侣在性爱活动时的大脑变化。

这一次，研究人员让情侣们一起待在磁共振扫描仪里，并且按照他们的实验要求 "互动" 45 分钟。例如，他们会指示伴侣一方用指尖触碰对方的嘴唇，而另一方需要静静感受自己伴侣的触碰。研究人员通过脑部扫描看到，当伴侣轮流触碰对方的嘴唇时，他们大脑的感觉皮层和运动皮层相继被激活了，而且双方的大脑活动越来越同步。这暗示了当伴侣们在进行亲密活动时，双方的大脑是会慢慢变得"同频共振"的。

所以，在一场高质量的性爱活动中，学会调动双方的触觉感受尤为重要，毕竟大家都希望达到"同频"，对吧？

那么，跟莉亚的生物老师对"性"的解释相比，我们在"性"的脑科学方面，有没有更加贴切一点的描述呢？

有学者提出应把性爱活动看作一场**"心身循环"过程**，这个循环是包括了大脑对性刺激信息的处理、大脑中枢的性唤醒和情绪唤醒，以及生殖器官产生性反应（例如，男性阴茎的勃起和女性阴蒂、盆腔的充血）的复杂过程。

值得注意的是，这个循环过程中的任何一个环节，都有可能触发一场"性的心身循环"。例如，我们看到性感火辣的异性照片，会以"视觉刺激"的形式来唤醒我们的性欲；我们脑海里偶尔蹦出的"性幻想"，会直接反馈到身体生殖器官那里，刺激它们产生反应；

一些受激素影响的生殖器官兴奋，也会被大脑觉察到，然后大脑中枢会根据情境来决定是要增强还是抑制这场活动——毕竟也是要看场合的对吧？

说到这里，咱们也就能理解为什么有些男生看到性感美女就管不住自己的反应了，也能理解为什么很多女生会在"特殊时期"性欲特别强。性欲的产生毕竟是正常的生理过程。但是，性可不只是"下半身思考"的事情，性欲是否能进一步发展为实质的性活动，需要大脑对"性冲动的可行性和必要性"进行评估，并决定是要促进还是阻止其往下继续发展。

当大脑处于性唤醒状态时，大脑内"反应最剧烈的"两个区域，是**杏仁核和下丘脑**。

杏仁核与性活动调节有关，当动物或人类大脑的杏仁核发生双侧损伤时，机体会出现性欲亢奋症状。

丘脑的英文"Thalamus"源于希腊语"Thalamos"，有内室、卧室的意思。在解剖学上，丘脑处于大脑深处较为核心的位置，这个神秘结构一直被认为与性和繁殖冲动有关，尤其是丘脑之下的"下丘脑"，是主要的性激素靶向器官。当身体产生性欲望时，体内涌动的性激素会跟下丘脑区域的性激素受体结合，促使下丘脑向下游的第五节腰椎段的球海绵状核发出指令，以支配生殖器官的肌肉活动。

　　而当杏仁核与下丘脑同时出现反应时，神经学家们的"职业直觉"会将性反应与情绪反应联想到一起，因为这两个结构是大名鼎鼎的大脑边缘系统的主要成员。它们"仗着"自己的"地理优势"（位于解剖学上的外周神经与中枢神经系统的中继位置），可以汇聚视觉、听觉以及触觉等外界刺激，并且进行联想强化，然后通知与情绪调控有关的躯体中心，最终改变机体的"追求奖励或者躲避惩罚"行为。所以，在性欲转化为实质性性活动前，下丘脑和杏仁核会参与"大方向的决策"，即"要不要进行性活动"。它们的决策标准是——"我能不能从中得到愉快的情绪体验？"

　　大多数人对于性的体验和记忆都是愉快的，因为性爱活动会刺激大脑的奖赏环路，兴奋多巴胺能神经元分泌快乐激素，并且在大脑中留下很多愉快的记忆。所以当杏仁核和下丘脑再次接收到"性信号"时，它们都会联想到过去的愉快体验，帮助人们唤醒愉悦感，并且鼓励身体其他部位积极参与进来。所以我们的呼吸变得急促，心脏跳动得很快，血流会加速，皮肤触觉变得敏感，生殖器官也会充血容易兴奋，性活动得以顺利开展。但也有部分人，曾经有过痛苦的性记忆（可能是发生在自己身上的，也可能是曾经看到别人遭受性虐待），当再次面对伴侣的亲密接触时，他们脑海中的痛苦记忆会席卷而来，大脑立马响起警报，使他们不得不停止性活动。

我们是需要重新认识"性"的。从脑科学角度来看，性生活不仅能够刺激大脑奖赏系统释放很多多巴胺，让我们感受到快乐；性活动还能使伴侣之间产生脑活动的"同频"，因此创造出许多共同的愉快记忆。我们可能无法控制性欲的产生，但是性活动的发生却是在大脑意识的"监督和许可"之下才能进行的。所以，控制不了自己性欲的人，脑子的控制系统应该不会太好用。

AFTERWORD

▶▶ 后记

我问自己："在写这本书的过程中，我收获了什么？"

首先，我当然没有因为整理了这么多文献并且输出了这么多观点，而成为一个"行走的百科全书"，可以张口就背出哪年哪月谁的研究轰动了脑科学界。

其实我自己在写这本书的过程中，也在不停地被这些了不起的神经科学发现刷新脑子。我也尝试着把这些知识转化为行动来改变自己的学习和生活方式。比如，我在大脑记忆章节提到的通过联想记忆来形成知识体系，以记忆更多相关知识。自从我认识到大脑的这个记忆习惯后，便经常在记忆某个事物时鼓励自己多发散思维，多把与这个知识点相关的事物"拉进来"结成一张知识网络。慢慢地，我发现自己不仅记忆力变好了，还养成了系统性学习的习惯。我变得很喜欢留意身边的细小事物，出门在外我会留意建筑物、地标指示。例如，我去比利时安特卫普时看到街上有家小酒馆就叫"hippocampus"（海马体，这个脑区有一群神经细胞专门负责记忆空间地点信息），我当下有意识地想"点亮"我的海马体的技能。我决定挑战一下自己，于是开启了手机地图导航，跟着导航提示去了一个地方，在目的地游玩结束后，我关掉了导航，想看看我海马体的"大脑地图"能不能把我"导航"回去。这个过程特别有意思，在回去的路上，面对每一次转弯或岔路口的时候，我的大脑都在回忆我来的时候在这个"岔路口"做过什么抉择，是否有哪个建筑物和地标是我来的时候看到过的，甚至路边商店的漂亮橱窗都在提醒我："刚刚我路过过这里，走这条路肯定没错！"

如果是以前，我只会觉得这说明我的记忆力挺好的。但是现在，我会细细回味这种探索路线的过程，甚至"走火入魔"地在想，我大脑内的地点神经元肯定正在忙碌地工作着：这栋房子上的雕塑很特别，我要给它建立一个"大脑地图坐标"；那个路口有家咖啡店，我也要给它"打个记号"……等我走完这一片区域后，我甚至能在脑海中画出一个简单的区域地图。

我享受了知识流动的过程。我平日里是个有点内向的人，我虽然渴望与人交流，但是总担心自己没法跟上同行的思维，怕对方觉得我"脑子笨"。"关起门来慢慢读书、看文献"这件事情，给我创造了一种可以跟其他人自在地交流的机会，这个过程与我平时出于学术目的去翻阅文献并不相同。因为此时我是把自己当成一个非专业人士去看去读，可以毫无负担地把自己设定为一个"笨蛋"，每次碰到新东西我都从头学起，去理解它们的底层逻辑。我像是在建房子，我本意是要给每一个知识点建一栋房子，但是我总能在"打地基"和"封顶"的时候发现，原来这些房子的地基是可以相连的，楼房中间可以有很多"连廊"把它们联系起来变成一个很大的社区。这使我很有成就感。

我穿行在"楼房"与"楼房"之间，有时觉得它们是我的安居所，是与人对抗的"盔甲"。我好得意，我开始喜欢在日常谈话中"掉书袋"了。别人一说起什么话题，我都想给这个现象加一个"神经科学解释"。我印象最深的一次，是大家正在讨论各大购物网站总喜欢在购物节的时候设很多复杂的优惠机制，搞得大家老是为了凑单凑满减盘算来盘算去。我当时对朋友们说，这是商家在通过这种方式来消耗咱们大脑的决策力，这样消费者在最后付款的时刻，就基本没有精力思考了，浑浑噩噩地买了一堆也许并不是很需要的东西。我建议大家看完这本书以后千万别像我这样，这样的人在生活中可太讨人厌了！知识不是这样用的，看问题的角度也不应该这么单一，因为每个人的大脑的价值衡量体系并不相同。请你怀着轻松的心情阅读本书，若你能看得开心，心中的一些困惑能得到解答，生活能得到一点点启发，就很好了。

我自己是受益很多的。我写大脑如何编程这一节的时候，正处于某种气馁和无力的情绪之中。我的课题到了一个很需要大数据分析支持的阶段，很多数据分析的工作，我要是按照传统的"笨办法"来做，可能要用上好几天都不一定能做出来；而我的同事们只需要敲几行代码，就能运算出很精确、很漂亮的结果，于是我下定决心掌握这项技能。最开始的时候，我特别没有信心，因为大家总说男生的大脑跟女生的大脑完全不一样，女生缺乏编程思维，所以很难学会写代码。实不相瞒，我当时差点就放弃了，心想大不了找人帮我做好了。然后我偶然看到一篇文章，对比了男性脑跟女性脑的解剖和功能，结论是总体来说，男性脑跟女性脑学习编程的能力水平并无明显差异。且不论这个研究结论是否绝对正确，它都给了我很大的勇气。我知道学习这件事情是事在人为的，我也知道只要花时间肯用心，无论什么事情我们都能做得成，但是如果少一些固有思维带来的精神负担，我们会在挑战某项任务的过程中更有动力。

以上种种，都是我在写这本书的过程中的个人收获。我还不知道你们读了之后会有什么感受，所以那些冠冕堂皇的"为科学知识的传播做贡献"的话我也不好意思说出口。在写这本书的过程中，我的野心是一点点在消散的，从胸怀大志，到仅期待自己有所成长。我承认我变得小心翼翼了，这也是我写完了所有内容之后，整整两个月才"憋"出来这篇后记的原因。

　　我这段时间一直在剖析自己：我写这本书的初衷是什么？我达到预期目标了吗？现在，我决定不想了，我非常享受这个美妙的过程，我开心就好。